T0213452

Wo Sprache aufhört....

Herbert
von Karajan
zum 5. April 1988

Herausgegeben von
Heinz Götze
und Walther Simon

Springer-Verlag

Mit 7 Abbildungen
Frontispiz: Hancock-Tower, Boston;
mit freundlicher Genehmigung von Herrn Erwin Steffan, Kronberg

ISBN-13: 978-3-540-19153-7   e-ISBN-13: 978-3-642-73588-2
DOI: 10.1007/978-3-642-73588-2

© Springer-Verlag Berlin Heidelberg 1988
Softcover reprint of the hardcover 1st edition 1988

Satz und Druck: Druckhaus Beltz, Hemsbach/Bergstraße
Bindearbeiten: J. Schäffer GmbH & Co. KG, Grünstadt
2120/3114-54321

Zum Geleit

Herbert von Karajan durch eine Freundesgabe zu ehren, ist weit mehr als die Würdigung eines weltumspannenden Genies, sondern vielmehr Ausdruck der Dankbarkeit für das Ereignis der beglückenden Begegnung und Verbundenheit mit dem Geehrten.

Die einzelnen Beiträge aus den verschiedensten Wissensgebieten der Natur- und Geisteswissenschaft geben ein biographisches Abbild von der Vielfalt der Interessen des Jubilars.

In der Laudatio anläßlich der Verleihung des Ehrendoktors durch die naturwissenschaftliche Fakultät der Paris-Lodron-Universität zu Salzburg wurde erwähnt, daß Herbert von Karajan in wohl einmaliger Weise die Einheit von Wissen und Können repräsentiert und daß die Weltgeltung seines Namens keiner weiteren akademischen Ehrung bedürfe. Wo meisterhaftes Können zur hohen Kunst aufsteigt, erahnt man den Gestaltkreis von Werk und Wirken, der nur im Erleben erkannt werden kann. In jeder Erkenntnis wohnt der Genius der Überzeitlichkeit, die uns die Verheißung von der höchsten Berufung des Menschen zum Genie erahnen läßt. Erleben und Begreifen sind untrennbar durch die Phantasie verbunden. Sie ist die Verbindung zwischen abstrakter Idee und begreifbarer Realität. Auf dieses Phänomen kam Herbert von Karajan beim Anblick der faszinierenden Kulisse eines Wolkenkratzers in Boston zu sprechen. ›Der Urgrund jeder Kunst ist und bleibt eben die Übersetzung des Realen in die Welt des Vergeistigten; für den einen ist es Walhall, für den anderen ein gigantischer Verwaltungsturm, aber ebenfalls durchpulst von der verewigenden Magie der Harmonie‹.

Walther Simon

Inhaltsverzeichnis

Mitarbeiterverzeichnis

HERAUSGEBER

Dr. phil., Dr. med. h. c. mult. Heinz Götze
Mitinhaber des Springer-Verlags,
Tiergartenstraße 17, D-6900 Heidelberg 1

Prof. Dr. Walther Simon
Paris-Lodron-Universität, Psychologisches Institut,
Hellbrunner Straße 34a, A-5020 Salzburg

AUTOREN

Prof. Dr. Rudolph Berlinger
Institut für Philosophie der Universität Würzburg,
Residenzplatz 2, D-8700 Würzburg

Prof. Dr. David M. Epstein
Department of Music, M.I.T., Cambridge, Mass. 02139, USA

Dr. med. Jürg Frei
Allgemeine Medizin FMH/Arbeitsmedizin,
Via Maistra 15, CH-7500 St. Moritz

Prof. Dr. Dr. h. c. Hans-Georg Gadamer
Philosophisches Seminar der Universität Heidelberg,
Marsiliusplatz 1, D-6900 Heidelberg 1

Lothar Knaak
Psicoterapeuta, terapia famigliare, CH-6612 Ascona

Hans-Jürg Kessler
Im Glockenacker 53, CH-8053 Zürich

Prof. Dr. med. Boris Luban-Plozza
Piazza Fontana Pedrazzini, CH-6600 Locarno

Anne-Sophie Mutter
Buchenweg 30, D-7867 Wehr

Prof. Dr. Walter Pöldinger
Psychiatrische Klinik der Universität Basel,
Wilhelm-Klein-Straße 27, CH-4025 Basel

Prof. Dr. Ernst Pöppel
Institut für Medizinische Psychologie,
Ludwig-Maximilians-Universität, Goethestraße 31,
D-8000 München 2

Prof. Dr. Wiebke Schrader
Frankenstraße 33, D-8702 Eisingen vor Würzburg

Prof. Dr. Balduin Schwarz
Tauxgasse 15, A-5020 Salzburg

Prof. Dr. Arnold Werner-Jensen
Panoramastraße 8, D-6907 Nußloch

Sehr verehrter, lieber Herr von Karajan,

wieder einmal feiert Sie die musikalische Welt. Dankbar für Konzerte und Opern, für Schallplatten und Filme, die Zeitgeschichte sind; dankbar für Ihr musikalisches Genie, das Menschen glücklich macht und reich.

Beinahe zwölf Jahre liegen zwischen unserer ersten Begegnung. Sie hatten die Dreizehnjährige nach Berlin zum Vorspiel eingeladen. In die mächtige Philharmonie. Da saßen 120 der besten Musiker auf dem Podium. Und Sie davor. In einer Garderobe hörte ich die Probe mit. Ihre Stimme, die Stimmen der Instrumente. Ich wartete. Die Storioni-Violine unterm Arm und Bachs ›Chaconne‹ im Herzen.

Wunschlos glücklich. Und bereit, auf der Stelle heimzufahren, denn ich war ins Paradies eingelassen worden – da stand ich plötzlich vor Ihnen. Die Erde tat sich nicht auf, um mich zu verschlingen. Auch verdunkelte sich der Himmel nicht. Eher fühlte ich mich leicht schwebend. Denn Sie lächelten mir zu. Mit diesem Lächeln, das Vertrauen schenkt und Mut macht, zur eigenen Kraft.

Ich spielte dann die ›Chaconne‹ und zwei Sätze aus Mozarts D-Dur-Konzert, Köchelverzeichnis 271a, und mein Leben war verwandelt. Sie waren hineingetreten und nahmen mich auf in das Glück gemeinsamen Musizierens. Salzburg an Pfingsten 1977 und weitere Konzerte mit dem Berliner Philharmonischen Orchester, auch mit den Wiener Philharmonikern, Konzertreisen bis nach Japan, Fernsehen, Filme. Ihre Fürsorge hat mich immer geleitet. Und Ihr Lächeln.

Mit diesem Lächeln sammeln Sie die Heerscharen der Musiker um sich. Sie ziehen sie in Ihren Bann. Sie leben, lieben und leiden und feiern Triumphe mit Ihnen. Dieses Lächeln bewegt eine ganze musikalische Welt:
        Das Lächeln des Maestro.
Ich danke Ihnen von Herzen.

    Ihre

    Anne-Sophie Mutter

David Epstein Herbert von Karajan – Thoughts from a Fellow Conductor

In March 1983 I received a call from Prof. W. Simon, the Director of the Herbert von Karajan *Salzburger Musikgespräche* that would take place a month hence at the close of the Salzburg Easter Festival. The topic for that year's symposium was ›Time in Music‹, for which an impressive panel of discussants from the physical, neurobiological, and computer sciences had been assembled. What was further needed was a musician who could discuss the role of musical time. I had written and spoken extensively on the subject, hence the invitation. The symposium led to my meeting Maestro von Karajan, and thereby opening a rich new chapter in my musical life.

The *Musikgespräche* are an expression of Karajan's awareness that music in its broadest perspective is a confluence of many fields, a number of them lying in science. These symposia, which the Maestro has sponsored for many years, offer opportunities for various authorities to exchange ideas, the goal, hopefully, being a wider view of the complexities inherent in music.

My initial contact with Karajan was a meeting of minds. I had known earlier of the Maestro's interest in time, and recalled a New York Times interview with him in the early 1980s that touched on this subject. He had discussed there his experience of the Eroica symphony, music in which he had lived deeply for many years, concluding that after a while one actually *felt* the work in time.

After a podium life of several decades I had also concluded that time is the most important single element in music. Though beautiful

David Epstein, conductor, composer, and theorist, is Professor of Music at the Massachusetts Institute of Technology in Cambridge, Massachusetts and has been Guest Professor at the Mozarteum in Salzburg, where he gave master courses in conducting. He has been a guest conductor with major orchestras in Europe and the United States, and has recorded extensively for Vox Records, EMI, Pantheon International, Everest and Deutsche Grammophon.

sound, singing melody, rich texture, clarity, and many other elements are obviously vital to performance, music clothed in even the most glorious tone can still fail to convince if it lacks that further essential element – the control of its unfolding through time, a control built of rhythmic vitality, considered pacing (tempo), and an awareness of where and how the articulations of the score, great and small, must speak.

Major musicians have always been aware of this sense of time, though discussions of temporality in music have rarely issued from their pens, perhaps because the subject is so elusive, perhaps because musicians devote their time primarily to making music; perhaps, too, because music is a medium not easily explained in words. Thus temporality is not clearly expressed (nor often understood) to the same degree as harmony, counterpoint, form, intonation, and other matters germane to composition and performance. Indeed, musicians operate largely by intuition in matters temporal, which may be to the good, as intuition is probably our deepest source of musical gift. It is not always enough, however. Even the most brilliant talents have moments when some precise temporal yardstick would help in dealing with a score.

1983 was the 150th anniversary of Brahms's birth. Karajan had performed much of Brahms's orchestral music in the Festival week before the *Musikgespräche*. For my part, I discussed the continuity of pulse in Brahm's music which served as the basis for changing tempo. Brahms developed a remarkable system of tempo control in which rhythms prominently heard as the music approaches a change in pace often serve as the subsequent pulse. Thus tempos in this music are measured, determined, planned to be heard and felt, and thereby effected as natural.[1]

I had heard the Maestro's performance of the Brahms First Symphony the evening before the symposium, and felt no small sense

---

[1] Interested readers may want to pursue this question of tempo further. I have discussed it in some detail in my *Beyond Orpheus: Studies in Musical Structure* (Cambridge, Mass.: MIT Press, 1979; Oxford: Oxford University Press, 1987). An article on tempo in Brahms will appear in the summer of 1988: ›Brahms and the Mechanisms of Motion: The Composition of Performance‹. *Brahms Studies*, vol. 1 (Ed. G. Bozarth; Oxford: Oxford University Press). *Beyond Orpheus* gives many references to other discussions of tempo as it has been understood in the music of some four centuries.

of affirmation as he leaned toward the cellos three bars before the ›meno mosso‹ of the first movement. This is such a moment in Brahms, where the tempo is planned and exact. The cellos play two measures of duplets within the prevalent ⅜ meter – a departure from the three subpulses within the beat that have dominated the movement. The length of one note in the duplet figure is the eighth-note beat in the ›meno mosso‹ that follows.

Though this signal is clear enough in the score, it must be recognized for what it conveys – something all too few conductors bother to do. It was a special moment, therefore, to see the major conductor of our time clearly concerned with tempo in this fashion, concerned that the music flow in the manner prescribed by Brahms. Nor was it a surprise that the Maestro and I felt something of musical kinship the following morning, when I discussed in the symposium this example and others in which tempo, as a major control in the unfolding of a work, changes by carefully planned means.

The Maestro was most gracious in this, our first, meeting, and he invited me to visit whenever I was in Europe. That occasion arrived a few months later, in July 1983, when I gave a talk on musical time at a congress in Italy. I visited Salzburg after the congress and found Karajan in the midst of rehearsals for ›Der Rosenkavalier‹, which would be given at that summer's Salzburg Festival. At his invitation we sat together in the darkened Festspielhaus as he and the cast worked out stage action in minute detail.

Observing the way in which this opera was being so carefully wrought was an insight into what musical theatre can be and so rarely is. Karajan was concerned that every stage action, however minuscule, should emanate from implications not only of the libretto but of the musical score. Thus all stage movement, whether a subtle smile or the massed gestures of a full crowd, should dovetail with the pulse of the music. During these particular rehearsals the principals fashioned such details in close collaboration with a conductor who had every aspect of the *Gesamtkunstwerk* in mind. Lighting, costumes, props, sets, staging – all were discussed, worked out jointly with set designer, stage and lighting directors and such, but unified by one man's concept.

Would that we saw opera more often prepared this way, with much the same care for detail that one would give an orchestral score, say, of

Mahler. The result, experienced later in a Festival performance, was stunning – fully convincing opera, opera which made no demands on the listener to forgive clumsy stage action or quasi-believable characters. On reflection it was clear that the production was another example of Karajan's sense of time and timing. In effect, if opera as musical theatre is to project experience, it is self-evident (though often ignored) that the score provides the sense of flow through time within which events take place. How natural, then, that stage action coordinate with the prime source of time, the music.

The production reflected a mixture of thoroughness, common sense, and an overarching dedication to ideals. Blocking was done to a tape of the music. The tape was a copy of the recording made some months earlier by the same cast, orchestra, and conductor, soon to appear as a compact disk. Thus all musicians involved had long since established the ensemble and rapport so necessary for a complex operatic work.

Further, the rehearsals extended to some 36 in number, an amount impossible in many houses. Only in this way, said Karajan, could one develop a production with all elements blended into a unified whole. So strongly did he believe this that he had personally subsidized some of the Salzburg productions in his early years with the Festival.

Karajan mentioned another point some years later, when we again talked about opera following a Salzburg production. He had spent 36 hours coaching a young singer in her role, he told me. This was not time begrudged; he in fact finds it wonderful working with young artists, who combine flexibility with gift. A conductor investing such time in coaching duties is hardly the image of a magisterial maestro delegating lesser chores to underlings. One sees a different picture here: an artist totally dedicated to this vision of what performance must be; an artist as craftsman – thorough, imaginative, engrossed in the work, for whom no detail is too small.

This same passion for detail within a sense of the whole informs Karajan's work with orchestra. The glories of the Berlin Philharmonic, to which the conductor has been devoted for decades, are well known. As impressive as its rich sound is the sense of freedom that one observes in the musicians in performance. The musical framework seems to have been set in rehearsals; in concert that framework is made once again, with minimal gestures from the podium.

Such communication between conductor and orchestra has created some remarkable moments. I recall a Bruckner Ninth Symphony in the Salzburg Easter Festival two years ago that consisted of one huge span from beginning to end, even across the break between movements. One had the impression of an artist at the peak of his maturity, surveying a work with which he has lived for years. Bruckner's music emerged that evening with a structural depth, strength of thought, and sense of continuity that one rarely witnesses.

Perhaps the most remarkable example of the way Karajan has with scores came to my ears one morning while I was driving to Munich with the Bayerischer Rundfunk on the radio. A familiar orchestral work began, which for the moment I could not identify. Long melodic strands were beautifully interwoven; the tone was warm, the balance elegant – and the identity continually eluded me. Schumann? Brahms? A late romantic Russian? Clearly none of these, though the sound and phrasing were redolent of all of them.

At last the moment of recognition – Saint Säens (of all people!) The Organ Symphony (Symphony No. 3). But never had I heard it this way; it is usually bombastic and heavy, never so transparent, built with such long phrases. The performance was so fascinating that I pulled off the road to hear it to the end and to find out who was playing, prompting an alert member of the *Polizei* to stop and ask if anything was wrong ... not at all the case. It was von Karajan and the Berlin Philharmonic.

That event recalls a discussion one day with the Maestro on what it means really to know an orchestral score. We agreed that a full sense of the structure, the unique plan and form of the work, the orchestral complexities were but a starting point. Only after all this was internalized could one truly search for those special qualities that made the work what it was, qualities of pacing, of feeling, of high points and how they are approached and left – in brief, an endless panoply of unique and indigenous features.

Lurking in my thoughts as we talked was the enormous repertoire that this conductor has absorbed in such deep fashion, a repertoire covering almost three centuries, from the mid-seventeenth through the first third, if not half, of our own. This bespeaks endless hours of study and living with hundreds, if not some thousand-plus, works. That devotion and musical integrity had been impressed upon me some months earlier when the Maestro mentioned that a recent performance of the B Minor Mass had taken him seven months to prepare. Seven months ... and this was far from his first performance of the work. Few conductors, indeed only the greatest, have labored with such fidelity to the music. Those that have stand high in Karajan's Pantheon; I have hear him speak often, by way of example, of Toscanini.

Karajan once mentioned in a press interview that he does not lead the Berlin Philharmonic; he persuades it to follow him. Those words get to an essential of conducting: persuasion comes only from a musical knowledge and concept so convincing that musicians wish to make music in the particular way of the moment.

The comment typifies the Maestro. He lives by dedication to his art, and works in disciplined and informed fashion to realize artistic goals. He is open to ideas and to people who contribute to his knowledge and awareness of music, indeed of the world. Talking with him one senses a wide perspective of interests, as well as an intense concern for the matter at hand. His eyes focus on the speaker, his features confirm his concentration. He enjoys discussion, and seems to welcome viewpoints that he finds germane. He impresses as direct, disciplined, alert to all that contribute to his work and outlook.

Few people in any field reach the level of mastery that Karajan reveals in his art. He has provided a standard for those of us who follow him. That such an artist is active today in his 80th year is but another sign of his will and his zest for music. Happy birthday, Maestro, and many more of them! May you continue to enlighten us with the inner meanings of the great scores.

Arnold Werner-Jensen
Herbert von Karajan und die Medien –
Überblick und Würdigung

Das Jahr 1988 bringt für Herbert von Karajan ein Doppeljubiläum:
den Rückblick nicht nur auf 80 vollendete Lebensjahre, sondern
zugleich auch ein halbes Jahrhundert seines Wirkens für die Schallplatte. Gewiß ist dieses Zusammentreffen zweier runder Zahlen ein
schöner Zufall, doch enthält es zugleich hohen symbolischen Aussage-
wert. Auch Karajan dürfte kaum die späteren weltumspannenden
Dimensionen des damals noch jungen Mediums vorausgeahnt haben,
als er 1938 in Berlin für die Deutsche Grammophon Gesellschaft die
Ouvertüre zu Mozarts ›Zauberflöte‹ aufnahm, die dann in die emp-
findliche Wachsmatrize geschnitten und auf die schwarze Schellack-
platte übertragen wurde. Wache Beobachtungsgabe und technische
Aufgeschlossenheit ließen ihn mit Sicherheit jedoch schon damals
erkennen, welche künstlerischen und kommerziellen Möglichkeiten
hier schlummerten. Und in der Tat legte die elektrische Aufzeich-
nungstechnik in den 50 Jahren bis heute einen atemberaubenden Weg
zurück, bis zum – vorläufigen – Endpunkt der nahezu perfekten
digitalen Aufnahme der Achtziger Jahre.

So ist es denn auch kaum überraschend und nur konsequent, wenn
man Karajan bei den späteren entscheidenden Weiter- und Neuent-
wicklungen des Mediums jeweils in der Rolle des künstlerischen
Mitstreiters und Pioniers findet. Als er beispielsweise im Dezember
1956 in London für die EMI seinen ersten maßstabsetzenden ›Rosenkavalier‹ (mit Elisabeth Schwarzkopf, Christa Ludwig, Otto Edelmann und dem Philharmonia Orchestra) aufnahm, erfolgte parallel zur
gewohnten Monoeinspielung in separater Tonkabine eines der frühe-
sten Stereoexperimente. Es wurde seinerzeit vom Tonmeister Christo-
pher Parker betreut, der 1987 dann auch die digitale CD-Neuauflage
herausbrachte und sich im beigefügten Textheft lebhaft an jene frühe
Pioniertat erinnert.

Daß Karajan sich von Beginn an zielstrebig, begeistert und werbe-
wirksam für die Digitalplatte eingesetzt hat, ist uns allen noch in bester

Erinnerung. Deshalb war es nur folgerichtig, daß er mit wiederum drei monumentalen Werken des Musiktheaters auch diesen neuen Meilenstein der Wiedergabetechnik einweihte: 1979 und 1980 erfolgten für Polygram die Aufnahmen zu Mozarts ›Zauberflöte‹, Wagners ›Parsifal‹ und Puccinis ›Turandot‹ und leiteten die inzwischen stattlich angewachsene Reihe digitaler Neuproduktionen ein.

Karajan hat nie ein Hehl daraus gemacht, wie sehr ihm die modernen technischen Aufzeichnungsmöglichkeiten seiner Interpretationen am Herzen liegen. Für ihn ist die Aufnahmetätigkeit nicht Begleiterscheinung neben dem ›Eigentlichen‹, dem lebendigen Konzert und der Opernaufführung. Sie ist vielmehr zweites Standbein einer künstlerischen Gesamtschau, die sowohl die unwiederholbare Inspiriertheit des lebendigen musikalischen Augenblicks kennt wie die mit größter Sorgfalt geplante technische Bewahrung und Dokumentation langfristig gewachsener, modellhafter Interpretationskonzepte. Als wacher Beobachter der technischen Möglichkeiten und Grenzen sieht Karajan offensichtlich sehr genau die letztendliche Unvereinbarkeit des einmaligen lebendigen Konzerterlebnisses mit seiner dauerhaften technischen Konservierung und Wiederholbarkeit in der Aufzeichnung. Folgerichtig hat er nur ganz wenige Live-Aufnahmen freigegeben, die dann allerdings in einzigartiger Weise die atmosphärische Hochspannung und Ausdrucksintensität eines Karajan-Konzertes vermitteln: etwa Haydns ›Schöpfung‹ als Mitschnitt von den Salzburger Festspielen 1982 und Mahlers ›Neunte‹ als Berliner Festwochen-Aufführung aus dem gleichen Jahr. Bei dieser sorgfältigen Planung aller Schallplatten, wo nichts mehr dem Zufall überlassen bleibt, ist es um so bemerkenswerter, welch hohes Maß an Lebendigkeit und kraftvoller Energie gerade auch Karajans Studioproduktionen zu übermitteln vermögen, als untrüglicher Beweis für die Gleichrangigkeit von Aufzeichnung und Konzert!

Karajans Repertoire

Karajans umfangreiche Diskographie wirkt allenfalls auf den ersten Blick verwirrend in ihrer Vielseitigkeit und Titelfülle. Genauere Betrachtung enthüllt vielmehr System und Konsequenz im Kontinuum der Aufnahmen, das sich seit den ausgehenden Vierziger Jahren bis heute in gleichmäßigen Jahresringen vervollständigt hat und in

wechselnder Chronologie und Intensität von mehreren Produktions-
firmen betreut wurde (DG, EMI, Decca, RCA, ausnahmsweise
Philips). Ein großer Teil dieses diskographischen Lebenswerkes ist
zum 80. Geburtstag Karajans erreichbar, denn viele bedeutende
Aufnahmen der 50er und 60er Jahre sind inzwischen, auf CD-Technik
›remastered‹, wieder zugänglich. So kann auch derjenige rückblickend
vergleichen, der Karajans Produktionen nicht von Anfang an hat
mitverfolgen können.

Karajans Repertoire auf Schallplatten (wie auch im Konzert) kreist
brennpunktartig um das 19. Jahrhundert, dessen künstlerische Aussagekraft und Vielschichtigkeit heute lebendiger und aktueller ist denn
je. Es ist die Epoche der großen Symphonik und der großen Oper,
mithin des großen symphonischen Orchesters. Die zwingende Logik
dieses inhaltlichen Schwerpunktes ergibt sich mit entwaffnender
Selbstverständlichkeit aus Karajans Beruf und Berufung: er ist Orchesterdirigent und widmet sich folgerichtig allein dem originären Repertoire dieses Ensembles. Zugleich ergeben sich hieraus auch ganz
konsequent die stilistischen Grenzen seiner Tätigkeit, denn die Wurzeln des Symphonie- und Opernorchesters liegen in der zweiten Hälfte
des 18. Jahrhunderts, und seine späte Blüte endet allmählich in den
ersten Jahrzehnten des 20. Jahrhunderts. Der wiederholte Vorwurf,
Karajan kümmere sich nicht um die ›neue Musik‹ unserer Tage, zielt
infolgedessen völlig am Problem vorbei: Die überwiegende Mehrzahl
der heutigen Komponisten schreibt gar nicht für jenes Instrumental-
ensemble, das mit der Bezeichnung ›Symphonieorchester‹ zugleich
auch eine sehr eindeutige inhaltliche Definition erfuhr – Anzahl und
Auswahl bestimmter Instrumente ergeben beileibe noch kein Symphonieorchester, dessen Ästhetik eine völlig andere ist als die von unseren
Komponisten angestrebte.

Mit der gleichen zwingenden Logik beginnt Karajans Repertoire
auch erst im Spätbarock, mit einer kleinen strengen Werkauswahl, vor
allem von Vivaldi, Händel und Bach. Hier jedoch kommt merkwürdigerweise niemand auf den Gedanken, ihm diese Selbstbeschränkung
vorzuwerfen. Im Gegenteil: im Gefolge der wiederbelebten historischen Aufführungspraxis und ihrer wechselnden Theorien möchte
man ihm am liebsten auch noch das ganze 18. Jahrhundert einschließlich Haydn und Mozart streitig machen. Hier offenbart sich ein
Dilemma der heutigen Musikinterpretation, dessen Lösung nicht in

Sicht ist: Spezialisten der historischen, musikwissenschaftlich mehr oder weniger abgesicherten Aufführungspraxis deuten Haydn und Mozart zunehmend als Nachfolger und Vollender barocker ›Klangrede‹ und grenzen sie damit ästhetisch entschieden vom frühen 19. Jahrhundert ab. Karajan dagegen sieht in den beiden großen Wiener Klassikern die kongenialen Wegbereiter der kommenden Epoche: Er entdeckt in ihren Orchesterwerken keimartig alle wesentlichen Elemente der nachfolgenden großen Symphonik und zieht keine stilistische Grenze *vor* ihnen. Mir scheint, daß beide Ansätze ihre elementare historische Berechtigung haben, und gerade das kompromißlose Nebeneinander beider Konzepte macht unsere Zeit andererseits interpretatorisch so faszinierend. Eine Reihe von Haydn- und Mozart-Aufnahmen unter der Leitung Karajans belegt diesen interpretatorischen Ansatz nachdrücklich: im geistlich-vokalen Bereich sind es die Mehrfacheinspielungen von Haydns ›Schöpfung‹ (1966 noch mit dem unvergessenen Fritz Wunderlich, 1982 dann die erwähnte eindrucksvolle Live-Aufnahme aus Salzburg) und von Mozarts ›Requiem‹ (1961/1975) sowie von Mozarts großer c-moll-Messe, die alle den gleichsam symphonischen Ausdruck dieser Musik unterstreichen und sie unversehens in die Nähe der monumentalen Messe- und Oratoriumskompositionen des 19. Jahrhunderts rücken. Und auf dem Gebiet der Instrumentalmusik färbt die Erfahrung des subtil getönten, ausgefeilten romantischen Mischklanges auf die Einspielungen der späten Haydn- und Mozart-Symphonien ab und verleiht ihnen Gewicht und Würde.

Karajans Domäne ist also die Symphonik des 19. Jahrhunderts mit ihren Vorläufern und Nachzüglern. Dabei handelt es sich um einen Zeitraum von runden zwei Jahrhunderten, stilistisch auf höchst reizvolle und individuelle Weise vielfältig und gebrochen; kein gerader eingleisiger Weg, sondern ein kaleidoskopartiges Neben- und Nacheinander von Personalstilen und erwachenden nationalen Schulen, die alle dennoch nur einige wenige gemeinsame Wurzeln haben. Karajans Repertoire folgt diesen Verästelungen, setzt die nötigen markanten Schwerpunkte und ergänzt sie durch bisweilen überraschende Entdeckungen. Nähere Vertrautheit mit der Vielzahl Karajanscher Interpretationen zwischen Bach und Bartók offenbart eine frappierende stilistische Breite, fern allen Spezialistentums. Es ist völlig unmöglich, Karajan auf bestimmte Komponisten, Stilrichtungen oder Gattungen

festlegen zu wollen, und man tut seinen Brahms- und Bruckner-
Deutungen unrecht, wenn man nicht gleichzeitig auf seine Verdi- und
Puccini-Aufführungen hinweist. Gerade diese Tatsache eines einzigar-
tigen künstlerischen Univeralismus macht einen Überblick über Karajans Diskographie so schwierig: man kann guten Gewissens kaum
einen Winkel ausklammern, ohne sich eines substantiellen Versäum-
nisses schuldig zu machen. Also folgen wir mutig auch ein wenig den
subjektiven Vorlieben des Berichterstatters!

Beethoven

Die größte Herausforderung für Dirigenten und Orchester waren und
sind zweifellos Beethovens neun Symphonien, maßstabsetzend für alle
nachfolgenden Komponistengenerationen. In der Publikumsgunst
stehen sie ohnehin ganz oben, allerdings in deutlich erkennbarer
Rangabstufung der einzelnen Werke, die eher irrational ist und keine
Wertskala sein kann.

Die Auseinandersetzung mit diesem Zyklus begleitete Karajans
Laufbahn ununterbrochen, und sie ist auch nahezu lückenlos dokumentiert. In jedem Nachkriegsjahrzehnt enstand eine komplette Einspielung unter veränderten äußeren Bedingungen, die jeweils den
Anstoß zum immer neuen Anlauf gaben: 1952/53 mit dem Philharmonia Orchestra für die damals neue Langspielplatte, 1961/62 die erste
Stereoversion mit den Berliner Philharmonikern, 1975/76 dann als
Auslotung der akustischen Gegebenheiten eines neuen Aufnahmeortes
in der Berliner Philharmonie, 1983/84 schließlich die digitale Einspielung mit gleichzeitigen Filmaufnahmen.

Ein direkter Vergleich der drei letzten Versionen mit den Berliner
Philharmonikern ergibt eine frappierende Einheitlichkeit des Gesamt-
konzeptes über die Jahrzehnte hinweg, bei behutsamer Variierung von
Nuancen. Wäre der technische Fortschritt nicht doch hörbar – er
reduziert sich übrigens bei CD-Überspielungen älterer Aufnahmen
auf ein künstlerisch unerhebliches Minimum –, dann könnte man fast
einzelne Symphonien der drei Zyklen gegeneinander austauschen. Das
spricht für die Schlüssigkeit des Interpretationskonzeptes, das bereits
vor Jahrzehnten gereift und tragfähig war und auf jegliche Experi-
mente um ihrer selbst willen gelassen verzichten kann. Karajans

Beethoven zeichnet sich dadurch aus, daß er den Notentext unerbittlich ernst nimmt und ihn nicht durch künstlichen weltanschaulichen Weihrauch vernebelt, etwa in verschleppten langsamen Sätzen. Daß es trotzdem nie an Ausdruckstiefe mangelt, beweisen wiederum gerade herrlich ausschwingende, in sich ruhende langsame Sätze wie die der 2., 4. und 9. Symphonie. Und, wie könnte es bei Karajan anders sein: sein Beethoven hat gegenüber unzähligen Konkurrenzeinspielungen den Vorzug des perfekt ausgewogenen Wohlklanges und widerlegt schlagender als alle Theorien die Mär vom unbekümmert oder gar unbeholfen instrumentierenden Komponisten. Zugleich strahlen die Partituren in Karajans Verlebendigung ein Höchstmaß an Vitalität und Temperament aus, das jedoch nie außer Kontrolle gerät. Hier spricht trotz allem der Geist der Wiener Klassik. Ausgewogenheit, Ebenmaß und Proportionsgefühl werden nie verletzt, auch nicht im perfekt ›ausgesteuerten‹ Gewitter der ›Pastorale‹ oder im wilden Finale der ›Siebenten‹. Gerade ihr scheint, neben der unerklärlich vernachlässigten ›Vierten‹, Karajans besondere Neigung zu gehören – die 7. Symphonie ist neben der Ersten von Brahms und der ›Pathétique‹ von Tschaikowsky wohl das am häufigsten aufgenommene Werk!

In den Zusammenhang der Symphonien gehört neben den Ouvertüren auch die ›Missa solemnis‹, deren ergreifender Monumentalität sich Karajans Interpretationskunst insgesamt viermal gestellt hat und deren über den liturgischen Rahmen hinausgreifende menschheitsumfassende Aussagekraft ihm offensichtlich ganz besonders am Herzen liegt.

Die symphonischen Zyklen des 19. Jahrhunderts

Auch die übrigen großen Symphoniezyklen des 19. Jahrhunderts beschäftigten Karajan immer wieder, allen voran und in ähnlicher Häufigkeit und Intensität wie Beethoven die vier Symphonien von Johannes Brahms. Die jüngste digitale Fassung ist im Erscheinen begriffen. In ähnlichem Rhythmus wie die Beethoven-Symphonien folgten einander im Jahrzehnteschritt Gesamteinspielungen mit den Berliner Philharmonikern. Dabei erscheint die Version von 1987 die lyrischste, innerlichste zu sein: vor allem die bewegten Ecksätze sind im Tempo ein wenig zurückgenommen, und die Kunst der nuancierten Übergänge an strukturellen Nahtstellen der Musik ist womöglich noch feiner und natürlicher geworden. Das wird besonders an der Ersten spürbar, die andererseits in der frühen Einzelaufnahme mit den Wiener Philharmonikern (1960) überwältigende Dramatik entfaltet: mit machtvoll-aggressiven Paukenschlägen in der schicksalsschweren Einleitung und voller vibrierender Unruhe im zerklüfteten Beginn des Finalsatzes.

Auf der anderen Seite ist Karajan ohne Zweifel einer der bedeutendsten Bruckner-Dirigenten unserer Zeit. Einem vollständigen Zyklus aller neun Symphonien, also dankenswerterweise auch der selten aufgeführten ersten drei, stehen noch Einzelaufnahmen der 4., 7. und 8. gegenüber. Allen gemeinsam ist der große Atem, der jeweils satzumfassende Spannungsbogen des Musizierens gleichsam ›unendlicher Melodien‹ im Rahmen der riesenhaften musikalischen Architektur. So entstehen Interpretationen, die bruchlos Stellen zartester Innigkeit mit grandiosen Steigerungen und Höhepunkten verschmelzen; zugleich aber werden naheliegende peinliche Extreme wie Naivität oder hohles Pathos mit großer Selbstverständlichkeit gemieden – gerade Bruckner kann bekanntlich in mißglückten Aufführungen zusammenhanglos und leer klingen! Das Geheimnis der großen, erfüllten Form – Karajan vermag es wie kaum ein anderer zu vermitteln.

Einen Geheimtip bedeuten – neben Schubert und Schumann – zweifellos die Aufnahmen der fünf späteren Symphonien von Mendelssohn Bartholdy (1971/72). Der ganze Charme dieser so wenig bekannten klassizistisch-frühromantischen Meisterwerke kommt hier zur Geltung; und auch die Aufnahmetechnik spielt in besonderer Weise mit, indem sie die makellose Homogenität und Durchhörbarkeit der Berliner Philharmoniker mit seltener Perfektion dokumentiert.

Sieht man von Dvořáks 8. und 9. Symphonie ab, unter denen die ›Achte‹ Karajan empfindungsmäßig besonders nahe zu stehen scheint, dann verbleiben noch drei gewichtige symphonische Zyklen des ausgehenden 19. Jahrhunderts: Tschaikowsky, Mahler und Sibelius, denen er sich auf höchst differenzierte, eindringliche Weise gewidmet hat.

Von Tschaikowskys Symphonien sind lediglich die drei letzten bekannt und populär geworden. Um so dankbarer nimmt man zur Kenntnis, daß Karajan auch die drei frühen eingespielt hat. Und es macht gerade diesen Zyklus besonders reizvoll, daß er sich auf zwei gleichrangige Meisterorchester verteilt: die ersten drei spielen die Berliner Philharmoniker, noch vor-digital aufgenommen, aber inzwischen auf CD verfügbar und damit klangtechnisch den drei folgenden weitgehend ebenbürtig; diese wiederum werden von den Wiener Philharmonikern aufgeführt, denen sich Karajan nicht erst seit seiner Wiener Operndirektion und durch die ständige Begegnung bei den Salzburger Festspielen besonders verbunden fühlt. Es ist faszinierend, das Spiel der beiden europäischen Spitzenorchester bei Tschaikowsky im direkten Vergleich nebeneinander zu erleben: auf verblüffende Weise nähern sich die Klangcharaktere beider Ensembles einander an, ohne jedoch darüber jemals ihre spezifische Individualität aufzugeben. Anders gesagt: Karajan gelingt es perfekt, dem jeweiligen Orchester seine ureigene klangliche Idealvorstellung zu übermitteln und sie zugleich mit dem unverwechselbaren Wiener oder Berliner Musizierstil zu verschmelzen.

Mahler und Sibelius

Um Karajans Beziehung zur Symphonik Gustav Mahlers ist lange gerätselt worden. Tatsache ist, daß er sich ganz einfach in aller Gelassenheit viel Zeit genommen hat, bis er sich der Herausforderung dieser komplexen und bisweilen bizarren symphonischen Kolosse stellte, während zahlreiche seiner Kollegen sich zuvor fast hektisch von der heranrollenden Mahler-Welle mitreißen ließen, die manchmal eher eine zwanghafte Mode zu sein schien als inneres Bedürfnis. Nach und nach erschienen in den Siebziger und Achtziger Jahren Karajans Mahler-Deutungen, ohne erkennbaren Zwang zur zyklischen Vollzähligkeit und ganz offensichtlich eher dem inneren Triebe als äußerlichem Terminzwang gehorchend. Das künstlerische Ergebnis bereichert das Spektrum möglicher Mahler-Auslegungen um eine weitere wichtige Facette. Und es konnte niemanden ernstlich überraschen, daß Karajan nicht in erster Linie den zeitbedingten Brüchen und Schrillheiten dieser Musik nachspüren, daß er sie nicht zuvorderst als dissonantes Aufbruchssignal in eine neue bedrohliche Zeit deuten würde. So wie er Haydn und Mozart vorausblickend vor allem als Wegbereiter des 19. Jahrhunderts interpretiert und ihnen gleichsam rückwirkend die Erfahrung des kommenden symphonischen Zeitalters überträgt, so klingt bei ihm Mahler umgekehrt wie eine organische, selbstverständliche Weiterführung und Vollendung eben dieser emotionsgeladenen, aber doch weitgehend noch in sich ruhenden Epoche: Abschluß, nicht Aufbruch! Im übrigen wird wieder einmal deutlich, was in Rezensionen all zu oft übersehen oder – schlimmer – geleugnet wird: Gerade für bedeutende Musikwerke gibt es nicht nur eine einzige gültige Interpretation; große Kunst ist immer mehrschichtig, mehr-deutig. So wie es nicht nur eine ›richtige‹ Mozart-Interpretation gibt, existieren auch mehrere gleichberechtigte Wege zu Mahler. Denn jede Interpretation ist eine zutiefst menschliche, damit zwangsläufig individuelle Äußerung, bei aller selbstverständlichen vorausgehenden philologischen Sorgfalt.

Neben dem bereits genannten Konzertmitschnitt der Neunten, der übrigens in seiner klanglichen Opulenz und seiner ausgefeilten Orchestervirtuosität auf überraschende Weise die historische Nähe zu Richard Strauss enthüllt, gibt es aus verschiedenen Jahren nach 1973 noch die Vierte, Fünfte und Sechste, ›Das Lied von der Erde‹ (mit Christa Ludwig und René Kollo) sowie Rückert-Lieder und die ›Kindertotenlieder‹ (mit Christa Ludwig). Unter ihnen beeindruckt vor allem die 6. Symphonie, deren Bizarrerien und Brutalitäten sich Karajan mit bewunderungswürdiger Aufgeschlossenheit und Konsequenz stellt.

Sibelius schließlich bedeutet für Karajan seit langem ein ureigenes persönliches Anliegen. Walter Legge, als EMI-Produzent und Gründer des Londoner Philharmonia Orchestras lange Jahre Karajans enger musikalischer Vertrauter und Freund, betont in seinen Memoiren lapidar: ›Sibelius betrachtet ihn als seinen besten Interpreten, ‚der einzige, der spielt, was ich meine‘‹. Und so wurden Karajans zwei Sibelius-Zyklen für die Schallplatte (zunächst Symphonien 3–7, dann noch einmal sämtliche Symphonien) zu tiefernsten Versenkungen in die eigentümliche Formen- und Ausdruckswelt des großen Finnen. Diese Einspielungen widerlegen zugleich auf wortlose, aber nur um so nachdrücklichere Weise jenes verbohrte ästhetische Vernichtungsurteil, das einst Adorno über Sibelius fällte und das in seiner intellektuellen Einseitigkeit der vorurteilsfreien Rezeption dieser Musik leider lange hinderlich war: er bezeichnete Sibelius in seiner ›Einleitung in die Musiksoziologie‹ als Stümper, seine Musik als nichtssagend, alogisch, unverständlich und ästhetisch ungeformt. Zum Bild des Musikers Karajan gehören gerade auch die Sibelius-Interpretationen und neben ihnen, als sinnvolle Abrundung, übrigens auch zwei so ausgefallene Titel wie die 4. Symphonie des Dänen Carl Nielsen und die monumentale Tondichtung ›Die Planeten‹ von Gustav Holst, denen er sich mit spürbarer Entdeckerfreude erst in jüngster Zeit widmete.

Impressionismus und Richard Strauss

Eine Würdigung wäre ebenfalls unvollständig, wenn sie nicht auch nachdrücklich auf Karajans Debussy- und Ravel-Interpretationen hinwiese. Ein Dirigent, dessen ganzes Können und dessen ganze Liebe der Kultivierung des klassisch-romantischen Orchesterklanges gehört, ist natürlich zum Interpreten des französischen Impressionismus prädestiniert. So fühlten sich Karajan und seine Berliner Philharmoniker auch immer wieder durch die so ungemein anspruchsvollen Orchesterpartituren von Debussy und Ravel herausgefordert, was sich in einer Reihe exemplarischer Einspielungen niederschlug. 1987 erschienen als vorläufiger Endpunkt (gekoppelt an Mussorgsky/Ravels ›Bilder einer Ausstellung‹) der ›Bolero‹ und die ›Rhapsodie espagnole‹. Allen Einspielungen ist gemeinsam, daß Karajan dabei unbeirrt und überzeugend seinem impressionistischen Klangideal treu geblieben ist: einer auf das raffinierteste abgetönten Mischung der orchestralen Instrumentalfarben, deren Ergebnis ein weich vibrierendes Sfumato ist. Ihm liegt nichs an einer sezierend analysierenden Auffächerung der einzelnen Stimmen, die so etwas wie eine klingende Rekonstruktion des Kompositionsprozesses beabsichtigt. Unter seinen Händen erwächst vielmehr aus den zahllosen ursprünglichen Einzellinien der Partitur ein untrennbarer, ganzheitlicher Organismus. Diese Charakterisierung gilt übrigens auch für seine hochsensible Einspielung von Debussys ›Pelléas et Mélisande‹ (1979).

Hier sind wir mit Sicherheit an einem zentralen Punkt der Karajanschen Interpretationskunst. Es ist geradezu Mode geworden, ihm eine bedenkenlose Kultivierung des schönen Orchesterklanges, angeblich um seiner selbst willen, vorzuwerfen. Dahinter steht in Wahrheit ein grundsätzlicher Konflikt über die Arten der musikalischen Rezeption: Seit Adornos ›Typen musikalischen Verhaltens‹ hat sich leider das Vorurteil als unausrottbar erwiesen, die wahre und einzig anzustrebende Art Musik zu hören sei die rationale, also das ständige strukturelle Mitanalysieren der Komposition. Und jeder Hörer, der sich

18

emotional den Wirkungen der Kunst hingibt, müsse eigentlich ein permanent schlechtes Gewissen haben, weil er damit tief unten auf der Wertehierarchie der Hörertypen steht. Aus diesem elementaren Mißverständnis resultiert dann die kategorische Forderung an jeden Musiker, er müsse in seinen Interpretationen um jeden Preis ›Strukturen freilegen‹, auf Kosten des angeblich äußerlichen und damit verdächtigen Schönklanges. Man muß es deshalb immer wieder geduldig betonen: Es gibt keine solche Rangordnung des Hörens, die oben mit der Ratio begänne und unten mit der Emotion endete; beide sind vielmehr prinzipiell gleichberechtigt und sollten einander im Idealfall ergänzen, was sinngemäß ebenso für das Musizieren gilt. Also kann eine musikalische Aufführung auch nicht in erster Linie eine Analysiervorlage für Intellektuelle sein!

Gerade die raffinierte, in ihren Späterscheinungen geradezu überzüchtete Orchesterpalette war aber eine der Haupterrungenschaften dieser Musikepoche: die Emanzipation der Klangfarbe zu einem gleichberechtigten kompositorischen Element (neben Melodie, Harmonie, Rhythmus). Diese Entwicklung begann früh mit Hector Berlioz (dessen ›Symphonie fantastique‹ in Karajans Repertoire immer eine zentrale Stellung einnahm) und kulminierte im Impressionismus, aber auch in Liszt, Wagner und Richard Strauss. So ist es kein Zufall, daß Karajan gerade auch hier, in den Symphonischen Dichtungen von Strauss, einen seiner Schwerpunkte gefunden hat: alle Tondichtungen liegen in mehreren Einspielungen vor, und es fällt sehr schwer, einzelne hervorzuheben. Immerhin ist es auch hier wieder frappierend, wie ähnlich doch das interpretatorische Grundkonzept auch bei weit auseinanderliegenden Aufnahmedaten ist. So konkurrieren einige frühe Einspielungen mit den Wiener Philharmonikern (›Zarathustra‹, ›Don Juan‹, ›Tod und Verklärung‹, ›Till Eulenspiegel‹) mit ihren lediglich aufnahmetechnisch perfekteren Nachfolgeplatten; vorläufiger Endpunkt: ›Till Eulenspiegel‹ und ›Don Quichotte‹ von 1987. Nicht zu überhören ist in allen diesen brillanten Aufnahmen der quasi sportlich-artistische Aspekt, unter dem Karajan und seine Berliner Philharmoniker diese virtuosen Partituren angehen. Die Begeisterung über die musikantischen Herausforderungen dieser Kompositionen ist Takt für Takt spürbar, und auch das Vergnügen an den bisweilen handfest vordergründigen programmatischen Effekten kommt nie zu kurz.

Karajans Repertoire aus dem 20. Jahrhundert setzt einige spektakuläre Glanzlichter, als Dokumente der Spät- und Endphase des großen Symphonieorchesters. Die vorgelegten Interpretationen sind vor allem deshalb so bemerkenswert, weil sie die extrem unterschiedlichen Partituren im Rahmen des Möglichen zu strahlendem orchestralem Wohlklang erwecken und ihnen bisweilen Farben entlocken, die man in ihnen gar nicht vermutet hat. Gute Beispiele hierfür sind etwa die einzelnen Strawinsky- und Hindemith-Aufnahmen. Im Falle Strawinsky haben sie reihenweise besorgte Apologeten des Russen auf den Plan gerufen, denen seine Kompositionen nie trocken genug klingen können und die nun bei Karajan unvermutet die kulinarische Seite entdecken mußten. Den Werken indes bekommt diese orchestrale Hochglanzpolitur nur zu gut, etwa ›Le Sacre du Printemps‹ und vor allem der neoklassizistischen spröden Sinfonie in C (1963/75). Vollends fast zu einer Neuschöpfung geriet das Einspielungsergebnis bei Hindemiths ›Mathis‹-Symphonie (1957), vergleicht man es etwa mit des Komponisten kapellmeisterlich-biederer eigener Version, noch dazu mit dem gleichen Orchester (Berliner Philharmoniker): eine solche Gegenüberstellung wird unversehens zum Lehrstück über die Notwendigkeit eines (guten) Dirigenten.

Auch den ausgewählten Orchesterwerken der zweiten Wiener Schule (Berg, Schönberg, Webern), die Karajan 1972 nach sorgfältiger Vorbereitung vorlegte, bekommt es bestens, wenn sich ihnen einmal unvoreingenommen ein nicht auf Neuklänge spezialisierter Dirigent zuwendet: Karajan setzt sich souverän über das angebliche oberste Gebot ständiger struktureller Durchhörbarkeit hinweg, läßt diesen diffizilen Kompositionen dafür den orchestralen Feinschliff nuanciertester Farbwerte angedeihen und erreicht auf diese Weise ungeahnte emotionale Tiefendimensionen, fern jeder akademischen Zwölftonzelebrierung. Von Béla Bartók nahm Karajan das ›Konzert für Orchester‹ gleich dreimal auf: bereits 1953 noch monaural mit dem Philharmonia Orchestra, danach dann jeweils stereophon mit den Berliner Philharmonikern (1965 und 1974). Vor allem in den beiden letzten Einspielungen besticht die Souveränität, mit der diese äußerst farbige und vielschichtige Orchesterpartitur realisiert und auf die selbstverständlichste Art und Weise in die Nähe der klassisch-romantischen

Symphonik gerückt wird. Gleiches gilt auch für Bartóks zweites spätes Meisterwerk, die ›Musik für Saiteninstrumente, Schlagzeug und Celesta‹, der sich Karajan ebenfalls dreimal mit den gleichen Orchestern widmete (1949, 1960 und 1969).

Konzerte

Einige ergänzende Anmerkungen verdienen die zahlreichen Aufnahmen von Solokonzerten, die sich stilistisch bruchlos den jeweiligen symphonischen Zyklen anfügen. Hier fällt auf, daß Karajan immer wieder ganze Reihen in Zusammenarbeit mit einzelnen bevorzugten Solisten erstellt hat. Die Serie der klassisch-romantischen Violinkonzerte wurde beispielsweise von zwei Geigerpersönlichkeiten geprägt: zunächst, in den Sechziger Jahren, durch den unvergessenen frühverstorbenen Christian Ferras (Beethoven, Brahms, Sibelius), später dann und bis heute durch Anne-Sophie Mutter, die sich inzwischen vom Wunderkind zum gefeierten Weltstar entwickelt hat. Gerade die Aufnahmen der Violinkonzerte zeichnen sich alle durch eine charakteristische Eigenschaft aus, die ebenso ausgeprägt in allen Operneinspielungen Karajans zu beobachten ist: seine Fähigkeit zu atmender, mitsingender, ungemein einfühlsamer Begleitung. Dieses Phänomen prägt übrigens auch einen anderen Zyklus: nämlich die Aufzeichnungen verschiedener Bläserkonzerte von Mozart, in denen Karajan jeweils Solisten seiner Orchester herausstellte: zunächst noch monaural mit dem Philharmonia Orchestra London, dann stereophon mit den Berliner Philharmonikern. Unter diesen Platten gibt es kostbare Geheimtips, die bis heute nichts an der Ausstrahlungskraft ihrer ausgewogenen Klangschönheit und gleichzeitigen Virtuosität verloren haben: gemeint sind zum einen die Hornkonzerte mit Dennis Brain, zum anderen die Sinfonia concertante KV 297 b, beide mit dem Philharmonia Orchestra London (1953). Eine Sternstunde inspirierten, beseelten konzertanten Miteinanders bedeuten auch die dokumentierten Begegnungen mit dem russischen Meistercellisten Mstislav Rostropowitsch (Dvořák/Tschaikowsky 1968) und mit Swjatoslaw Richter (1. Klavierkonzert von Tschaikowsky 1962) – letzteres eine Rarität auch wegen der hier ausnahmsweise eingesetzten Wiener Symphoniker, mit denen Karajan bekanntlich eine Zeitlang eng zusammenarbeitete.

Insgesamt aber zeichnet Karajans Auseinandersetzung mit der Gattung Klavierkonzert eine gewisse Unstetigkeit aus. Hier kam es offensichtlich nie zu jener langfristigen Kontinuität und inneren Übereinstimmung, sieht man einmal von den ganz frühen bedeutenden Gieseking- und Lipatti-Dokumenten und von der Beethoven-Serie mit Alexis Weissenberg ab. Hier tut sich eine der (wenigen) schmerzlich empfundenen Lücken in Karajans Diskographie auf, deren Schließung man vielleicht noch erwarten darf: es fehlen exemplarische Aufnahmen der Mozart-, Beethoven- und Brahms-Klavierkonzerte!

Oper

Die Fülle der Opern-Aufnahmen Karajans ist ebenso überwältigend wie die der Orchesterwerke, so daß wir uns im Rahmen dieser Betrachtung auf eine repräsentative Auswahl beschränken müssen. Karajan konnte für die reinen Instrumentalaufnahmen überwiegend auf seine Berliner Philharmoniker zurückgreifen sowie – gleichsam kontrapunktisch ergänzend – auf die Wiener Philharmoniker und, in frühen Jahren, auf das Londoner Philharmonia Orchestra (abgesehen von einem kurzen Intermezzo mit dem Orchestre de Paris). Dagegen ergaben sich bei allen Vokalaufnahmen die bekannten Besetzungsprobleme: Vertrags- und Terminzwänge bei den Sängern sind so schwer zu koordinieren, daß selbst Herbert von Karajan nur selten so etwas wie eine Idealbesetzung verwirklichen kann, die bis in alle Nebenrollen hinein seinem musikalischen Konzept entspricht. So lassen sich möglicherweise auch einige auffällige Lücken seiner Operndiskographie erklären (es fehlen bis heute beispielsweise Webers ›Freischütz‹ und Wagners ›Tannhäuser‹); und Karajan hat selber das späte Erscheinen seines ›Don Giovanni‹ begründet: erst jetzt habe er die Besetzung beisammen, die ihm vorschwebe.

Um so staunenswerter ist es unter diesen Umständen, daß dennoch eine beträchtliche Anzahl exemplarischer Interpretationen dokumentiert werden konnten, die gerade auch in sängerischer Hinsicht und unter dem Blickwinkel einer echten vokalen Ensembleleistung maßstabsetzend sind. Hierher gehören ganz gewiß die frühen Monoeinspielungen einiger Mozart-Opern (›Figaro‹ 1950, ›Così fan tutte‹ 1954, ›Zauberflöte‹ 1956), die sich in ihrer durchsichtigen, feinnervigen Dramatik deutlich vom Stil der späteren Reprisen unterscheiden; unter diesen wird vor allem der ›Figaro‹ von 1979 zu wenig beachtet, denn er verknüpft auf bemerkenswerte Weise jenes theatralische Temperament mit klanglicher Wärme und menschlicher Ausstrahlung, trotz einiger erkennbarer Besetzungskompromisse. Die Tendenz zu großer, gleichsam symphonischer Ernsthaftigkeit unterstreichen dann auch die digitalen Einspielungen der ›Zauberflöte‹ (1981) und des ›Don Giovanni‹ (1986), denen man sozusagen die langjährige Erfahrung im Umgang mit wagnerscher Musikdramatik anmerkt: auf diese Weise entsteht kein verspielter Buffo-Mozart, sondern – besonders beim ›Don Giovanni‹ – schicksalhafte Unerbittlichkeit und dramatische Wucht. Und man sollte bei allen Interpretationen der zurückliegenden 20 Jahre nie übersehen, daß die so selbstverständlich perfekten Berliner Philharmoniker erst durch Karajan und die Erfahrung der Osterfestspiele in Salzburg zum erstklassigen, unübertrefflichen Opernorchester geworden sind.

Richard Wagner

Die beiden eigentlichen musiktheatralischen Schwerpunkte Karajans aber sind ohne Zweifel Wagners Musikdramen und die Zeugnisse der späten italienischen Oper (Verdi, Puccini, Leoncavallo und Mascagni). Außer – wie gesagt – ›Tannhäuser‹ liegen bis heute alle wichtigen Wagner-Opern auf Schallplatte bzw. CD vor; abgesehen vom frühen Bayreuther ›Meistersinger‹-Mitschnitt von 1951 und der stereophonen Nachfolgeeinspielung mit der Dresdner Staatskapelle (1970) entstanden alle Aufnahmen als Vorbereitung oder Dokumentierung der Salzburger Osterfestspiele – allein schon in der organisatorischen Konsequenz eine Meisterleistung!

Daß Karajan seine Osterfestspiele in erster Linie gründete, um Wagners ›Ring des Nibelungen‹ unter bestmöglichen szenischen und musikalischen Bedingungen zu realisieren, merkt man gerade diesen Aufzeichnungen noch heute besonders an. Vor allem in der ›Walküre‹, aber auch in allen übrigen ›Ring‹-Teilen ist sein charakteristischer, in sich so schlüssiger und organisch gewachsener Wagner-Stil am besten dokumentiert. Und in ihnen hat sich, im Gefolge der Festspiele, auch am ehesten so etwas wie ein Ensemble herausgebildet, in dem nicht so sehr die stämmigen Heroenstimmen dominieren, sondern jene eher lyrisch-ausdrucksvollen Charaktere, für die exemplarisch die Namen Janowitz, Dernesch, Stewart und Fischer-Dieskau stehen mögen. Karajans eigentliche Leistung in diesen nach wie vor umittelbar packenden und anrührenden Interpretationen ist die Verwirklichung eines ungeahnt weitgespannten und doch in sich völlig homogenen musikalischen Konzeptes, das die Extreme kammermusikalischer Feingliedrigkeit und Durchhörbarkeit (›Walküre‹, 1. Aufzug!) mit der Lust am monumentalen Auftrumpfen zur rechten Zeit (›Götterdämmerung‹) bruchlos zu einer höheren Einheit fügt. ›Tristan und Isolde‹ (1971) und auch die ›Meistersinger‹ aus Dresden (1970) kommen diesem Stilideal unter den übrigen Aufnahmen am nächsten. Gerade die Wagner-Dokumente belegen darüber hinaus besonders eindrucksvoll Karajans unübertreffliche Kunst der nuanciertesten mitatmenden Sängerbegleitung, von der sich auch die extravagantesten Stars bereitwillig tragen und führen lassen und von der sie allesamt profitieren.

Große Oper in Italien, Frankreich und Rußland

Im italienischen Repertoire wird Karajans Universalität besonders offensichtlich: bedeutende Wagner-Dirigenten hat es immer gegeben und ebenso bedeutende Meister des italienischen Faches. Wer aber außer Karajan beherrscht diese beiden so unterschiedlichen Theaterwelten auf die gleiche souveräne Weise! Gerade angesichts der Phalanx italienischer Meisterdirigenten gestern und heute ist es vielleicht seine bemerkenswerteste Leistung, daß er seit langen Jahren weltweit – also auch in Italien selber! – als einer der bedeutendsten Verdi-Dirigenten anerkannt wird.

Zum Glück sind die Meilensteine dieser ›italienischen‹ Karriere im wesentlichen dokumentiert. Erst die digitale Wiederaufbereitung von inzwischen historisch gewordenen Aufnahmen macht heute einen echten Vergleich möglich und offenbart die künstlerische Spannweite und zugleich die grandiose Einheitlichkeit des interpretatorischen Konzeptes. ›Troubadour‹ (1956) und ›Madame Butterfly‹ (1955) liegen in CD-Fassung vor und klingen nun, obwohl seinerzeit noch in Mono aufgenommen, geradezu bestürzend lebendig und aktuell, in atemberaubender Perfektion musiziert und voller unmittelbar packender Dramatik, natürlich auch dank der phänomenalen Callas.

Von ähnlicher Eindringlichkeit in ihrer organischen Synthese von musikalischer Perfektion und heißem Theatertemperament sind auch die stereophonen Folgeaufnahmen der ›Bohème‹ (1972) und der ›Butterfly‹ (1974) (beide mit Mirella Freni und dem jugendlich diszipliníerten Luciano Pavarotti) sowie vor allem der ›Tosca‹ (1962) mit der unvergleichlichen Leontyne Price in ihrer besten Zeit. An ihr zeigt sich übrigens schlaglichtartig die angesprochene Besetzungsproblematik: die Price war in Karajans legendärem Salzburger ›Troubadour‹ von 1962 die zu recht umjubelte, hinreißend perfekte Leonore (nachprüfbar in einem technisch leider mangelhaften Radiomitschnitt, der kurze Zeit auf Schallplatte vorlag); in der späteren Stereoeinspielung von 1977 erreicht sie dann bei weitem nicht mehr ihre frühere stimmliche Makellosigkeit. Später Nachklang in Sachen Puccini ist die digitale Fassung der ›Turandot‹ (1981), deren eigentlicher Star die grandiosen Berliner Philharmoniker sind.

Eine der besten Karajan-Aufnahmen überhaupt ist sicher die ›Aida‹ von 1959 mit der charakteristischen Starbesetzung der ausgehenden Fünfziger Jahre (Tebaldi, Simionato, Bergonzi) und den berückend schön spielenden Wiener Philharmonikern, in perfekter Balance zwischen instrumentalem ›Belcanto‹ und wohlkalkulierter Theatralik. Ihr nahe kommt der erste ›Otello‹ (Tebaldi, del Monaco, Protti 1961) in seiner leidenschaftlichen Glut und mit südlich leuchtenden Orchesterfarben.

Hierher gehören natürlich auch die beiden weit auseinanderliegenden ›Falstaff‹-Einspielungen, deren erste zu recht legendären Ruf genießt (mit Tito Gobbi, 1956) und den Vorzug größerer Theaternähe und komödiantischer Leichtigkeit hat, während die Zweiteinspielung (mit Giuseppe Taddei 1980) dafür noch genüßlicher (und digital aufgezeichnet) alle Kostbarkeiten der späten Verdi-Partitur aufleuchten läßt. Und (obwohl es sich hier um geistliche Musik handelt): man sollte im gleichen Atemzug mit den Verdi-Opern auch die beiden Requiem-Aufnahmen (1972 und 1985) erwähnen, deren Unterschiede in erster Linie von den verschiedenartigen Sängerquartetten und den beiden Orchestern (Berliner und Wiener Philharmoniker) herrühren.

Schließlich wäre eine Diskographie der italienischen Karajan-Aufnahmen unvollständig, wenn sie nicht mit besonderem Nachdruck auf das traditionelle Paar ›Cavalleria rusticana‹ und ›Bajazzo‹ hinwiese, mit Sicherheit ebenfalls eine der unvergänglichen Schallplattensternstunden (1965). Hier wird auf äußerst lebendige und unmittelbare Weise jene Phase in Karajans Biographie dokumentiert, in der er an der Mailänder Scala tätig war. Zugleich gewinnen die beiden abgespielten Repertoirestücke in Karajans ernsthafter Deutung Lebendigkeit und Originalität zurück und lassen ihren wahren Wert als Meisterwerke ihrer Gattung erkennen.

Ebenfalls zweimal produziert wurde Bizets ›Carmen‹, einmal mit den Wiener (1962), dann mit den Berliner Philharmonikern (1983), die einander hier verblüffend ähnlich klingen. Daß sich beide Versionen dennoch nachdrücklich voneinander unterscheiden, liegt an den zwei so charakteristischen Carmen-Darstellerinnen. Sie sind so grundverschieden und doch jede in ihrer Weise überzeugend, daß sich wieder einmal die Mehrdeutigkeit großer Kunstwerke bewahrheitet: Leontyne Price betont in der früheren Aufnahme viel stärker das Sinnlich-Animalische, fast Vulgäre der Verführerin, während Agnes Baltsa ohne jeden ordinär-derben Unterton auskommt und der Rolle fast ein wenig Unnahbarkeit und weibliche Würde verleiht, bei gleichzeitiger größerer Wärme des Ausdrucks. Darüber hinaus entschied sich Karajan bei der zweiten Einspielung für die Originalfassung mit gesprochenen Dialogen, im Gegensatz zu den gewohnten nachkomponierten Rezitativen noch in der ersten Aufnahme.

Auch die klangprächtige und in düsterer Dramatik glühende Schallplatteninterpretation des ›Boris Godunow‹ von Mussorgsky von 1970 schloß sich an eine Salzburger Festspielproduktion an; auf diese Weise wurde der Nachwelt wenigstens der eindrucksvolle musikalische Teil einer insgesamt äußerst bühnenwirksamen und aufwendigen Einstudierung erhalten.

Karajan griff mit dieser Einspielung zugleich noch einmal nachdrücklich und überzeugend in die Diskussion um die verschiedenen Fassungen dieser Oper ein. Er entschied sich nämlich nach reiflicher Überlegung wiederum für die Bearbeitung von Rimsky-Korssakoff mit ihren raffiniert leuchtenden, bisweilen die originalen Schroffheiten ein wenig glättenden Orchesterfarben, und so entstand ein eindringliches klingendes Plädoyer für die Theaterwirksamkeit und dramatische Lebendigkeit dieser Version.

Richard Strauss und Johann Strauß

Unter den Opern von Richard Strauss gehört Karajans besondere Neigung – neben der ›Salome‹ (mit der jugendlich-eindringlichen Hildegard Behrens 1977) – dem ›Rosenkavalier‹, der in zwei zeitlich weit auseinanderliegenden Versionen vorliegt. Auf den technisch experimentellen Charakter der Erstfassung von 1956 wurde bereits hingewiesen; sie lebt darüber hinaus von der unverwechselbaren artifiziell-perfekten Diktion der Marschallin (Elisabeth Schwarzkopf) und der drastischen Komödiantik des Ochs (Otto Edelmann). Die spätere Aufnahme von 1984 fasziniert dagegen durch den in allen Farben funkelnden Glanz der Wiener Philharmoniker – man vergleiche einmal den bestechenden Schmelz der Wiener Hörner vom Ende des Vorspiels mit der kühleren Genauigkeit ihrer Londoner Kollegen! In Karajans weitergeführtem Interpretationskonzept enthüllt diese ›Komödie für Musik‹ auf einmal ihren doppelten Boden und droht ständig in die Tragödie umzuschlagen. Das spezifische Wiener Idiom aber treffen die Darsteller der früheren Aufnahme besser; in der späteren Fassung sorgt allein Karajan für schwelgende Walzerseligkeit.

Liebenswürdiger Schlußakzent bleiben schließlich Karajans punktuelle Annäherungen an die Operette und·an den Wiener Walzercharme. Zweimal in relativ kurzem Abstand widmete er sich der ›Fledermaus‹ von Johann Strauß (1955/60), wobei die zweite stereophone Fassung bei gleicher spritziger Champagnerlaune als Bonbon noch zwei ganze Plattenseiten Galavorstellung internationaler Gesangsstars jener Epoche bietet (›Zu Gast beim Prinzen Orlowsky‹). ›Die lustige Witwe‹ gar kam in Besetzung und Ernsthaftigkeit fast einer seriösen Opernpremiere gleich (1972). Kaum zu zählen sind daneben die Aufnahmen von Wiener Walzern und Konzertstücken des Strauß-Kreises, deren letzte Auswahl ein Mitschnitt des denkwürdigen Wiener Neujahrskonzertes von 1987 ist.

Ausblick: der Musikfilm

Herbert von Karajans Medientätigkeit erschöpft sich nicht in seiner Diskographie. Viele seiner digitalen Neuproduktionen der Achtziger Jahre tragen den Hinweis auf die gleichzeitige Filmaufzeichung und damit auf eine spätere Verfügbarkeit als Videoband oder Bildplatte.

Dieser Einstieg ins audiovisuelle Zeitalter hat dank Karajans Aktivitäten längst begonnen, und deshalb wäre eine Würdigung seiner Medienproduktion unvollständig ohne den visuellen Aspekt.

Karajan ist hier stets mehrgleisig verfahren, was eine Vielzahl von Film- und Fernsehproduktionen belegen. Seit langen Jahren ist er auf allen Schienen der Bildaufzeichnung aktiv. Da sind zunächst die Live-Übertragungen spektakulärer Konzert- und Opernabende, sei es von den Salzburger Oster- und Sommerfestspielen, sei es von den Berliner Festwochen oder als Neujahrskonzert aus Wien 1987 – als perfekt in allen Einzelheiten vorher mit der Bildregie abgestimmte Umsetzungen musikalischer Höhepunkte, die es einem Millionenpublikum via Satellit ermöglichen, dabei zu sein. Parallel dazu gab es immer die minutiös geplanten Studioproduktionen einzelner symphonischer Werke, in denen kein Detail dem Zufall überlassen bleibt und die dennoch viel von jener charakteristischen Vitalität vermitteln, die das Spiel der Berliner Philharmoniker unter ihrem Chefdirigenten ausstrahlen. Es ist nicht übertrieben, wenn man feststellt, daß Karajan auch auf diesem Gebiet Pionier war und ist: Ohne seine zielstrebig verwirklichten filmischen Projekte wäre das Orchesterkonzert im Fernsehen nicht zu jener schönen Selbstverständlichkeit geworden, an die wir uns heute gewöhnt haben.

Auf dem Gebiet des Opernfilmes widmete sich Karajan ebenfalls seit langem allen drei möglichen Schienen: einmal der direkten risikofreudigen und nicht korrigierbaren Live-Übertragung von Festspielaufführungen (1987 ›Don Giovanni‹, 1988 ›Tosca‹ aus Salzburg), die atmosphärisch der Theaterwirklichkeit natürlich am nächsten kommt und dem Publikum das Gefühl des unerschwinglichen Dabeiseins vermitteln. Zum zweiten der Dokumentierung exzeptioneller Einstudierungen durch nachträgliche Verfilmung im Theater (›Rosenkavalier‹ 1969, ›Carmen‹ 1967), die den Vorzug größtmöglicher Perfektion in szenischer und musikalischer Hinsicht hat, unter Wahrung der spezifischen Theateratmosphäre. Schließlich im engeren Sinn der Opernfilm, der mit den naturalistischen und auch expressionistischen Mitteln dieses andersartigen Mediums eine Oper neu entstehen läßt (›Otello‹ 1972/73, ›Rheingold‹ 1978), dies sicher die reizvollste und zugleich problematischste der drei Versionen, deren Möglichkeiten und Grenzen bei weitem noch nicht ausgelotet worden sind und die sich insgesamt am weitesten von der originalen Oper und ihrer spezifischen Ästhetik entfernt. Man kann sicher sein, daß hier – im Bereich der multimedialen Umsetzung von Musik – Karajans Zukunftsvisionen liegen und daß hier zugleich auch sein Vermächtnis an kommende Generationen zu finden sein wird: wache und kritische Aufgeschlossenheit gegenüber allen technischen Errungenschaften, die dem musikalischen Kunstwerk und seiner Vermittlung zu dienen vermögen, ohne sich zugleich zu verselbständigen und sich zwischen die Musik und ihr Publikum zu drängen. Karajans jahrzehntelanges Vorbild ist hier Mahnung und Ansporn zugleich.

Ernst Pöppel Gehirnzeit und Musikempfinden

In seinem Aufsatz ›Über das Dirigieren‹ schreibt Richard Wagner: ›Will man alles zusammenfassen, worauf es für die richtige Aufführung eines Tonstückes von seiten des Dirigenten ankommt, so ist dies darin enthalten, daß er immer das richtige Tempo angebe, denn die Wahl und Bestimmung desselben läßt uns sofort erkennen, ob der Dirigent das Tonstück verstanden hat oder nicht.‹

Und Bruno Walter schreibt in ›Von der Musik und vom Musizieren‹: ›War ich längere Zeit hindurch im Zweifel über das richtige Tempo einer musikalischen Phrase oder Episode gewesen, so traf mich plötzlich, wie aus einer tiefen Region meines Innern her, eine Entscheidung, wie in einem Moment der Erleuchtung war mir das richtige Tempo aufgegangen und ein Gefühl der Sicherheit gegeben, das mich vom Zweifel befreite und mir dann – in den meisten Fällen – für immer gewonnen war.‹

Wenn das Tempo, die Zeiteinteilung also, in der Musik so grundlegend ist, dann müssen wir uns fragen, wie man das richtige Tempo finden kann und wie man es aufrechterhält, wenn man es gefunden hat. Was können wir zu diesem Problem aus der Sicht der Hirnforschung und experimentellen Psychologie sagen? Betrachten wir dieses Problem also einmal nicht unter dem rein musikalischen Gesichtspunkt – wie es etwa Ernest Ansermet in seinem Werk ›Die Grundlagen der Musik‹ oder David Epstein in ›Beyond Orpheus‹ versucht haben –, sondern unter einem naturwissenschaftlichen Gesichtspunkt. Ich möchte einige Beobachtungen erörtern, die zeigen, daß die Möglichkeit von Tempokontrolle in der Musik von bestimmten Mechanismen des Gehirns abhängt. Unser Musikempfinden hat somit auch eine biologische Wurzel – eine grundlegende These dieser Ausführungen.

Um die Bedeutung von Gehirnprozessen für das Musikempfinden zu verdeutlichen, ist es angebracht, zunächst zu klären, wie wir überhaupt mit Zeit ›umgehen‹, d.h. wie wir Zeit wahrnehmen und empfinden. Zeit ist neben Raum eine apriorische Anschauungsform; Immanuel Kant sagt hierzu: ›Zeit und Raum sind zwei Erkenntnisquellen, aus denen a priori verschiedene synthetische Erkenntnisse geschöpft werden können.‹ Die Zeit ist Grundkategorie menschlicher Wirklichkeitserfahrung. Es ist naheliegend zu untersuchen, wie Zeit erlebnismäßig verfügbar wird. Daß die Beantwortung dieser Grundfrage nicht einfach ist, mag der berühmte Ausspruch des Augustinus aus dem 11. Buch seiner ›Bekenntnisse‹ belegen: ›Quid est ergo tempus? Si nemo ex me quaerat, scio; si quaerenti explicare velim, nescio.‹ (›Was also ist Zeit? Wenn mich niemand danach fragt, weiß ich es; will ich es einem Fragenden erklären, weiß ich es nicht.‹) Trotz dieser skeptischen Bemerkung von Augustinus soll hier aber dennoch der Versuch gewagt werden zu fragen; allerdings nicht zu fragen, *was Zeit ist,* sondern wie uns Zeit subjektiv verfügbar wird, wie wir Zeit wahrnehmen und erleben. Es wird dann vielleicht einfacher sein, die Frage nach der Tempokontrolle in der Musik zu beantworten, jenes Problem mit naturwissenschaftlichen Überlegungen zu erörtern, auf das Richard Wagner und Bruno Walter hingewiesen haben.

Menschliches Zeiterleben kann durch eine hierarchische Klassifikation subjektiver Zeitphänomene beschrieben werden (Pöppel 1985). Es lassen sich fünf elementare Zeiterlebnisse unterscheiden, die hierarchisch aufeinander bezogen sind. Es sind dies die Phänomene von Gleichzeitigkeit, Ungleichzeitigkeit, Aufeinanderfolge, Gegenwart und Dauer. Um was es sich bei diesen Zeitphänomenen auf der subjektiven Ebene handelt und wie sie hierarchisch aufeinander bezogen sind, läßt sich durch verschiedene experimentelle Beobachtungen verdeutlichen.

Zunächst seien einige Befunde über subjektive Gleichzeitigkeit bzw. Ungleichzeitigkeit dargestellt. Wenn man über einen Kopfhörer in beide Ohren jeweils einen kurzdauernden Reiz gibt, der beispielsweise 1 ms (also eine tausendstel Sekunde) dauert, und wenn die beiden Reize objektiv gleichzeitig gegeben werden, dann hört man nur einen einzigen Ton, und zwar in der Mitte des Kopfes. Wird eine zeitliche Verzögerung zwischen die beiden Reize eingelegt, z.B. von 1 ms Dauer, dann hört man immer noch einen Reiz, obwohl objektiv betrachtet die beiden Reize ungleichzeitig sind. Objektive Ungleichzeitigkeit ist also nicht hinreichend, um die Schwelle zur subjektiven Ungleichzeitigkeit der beiden Töne zu erreichen. Der Ton wird bei dieser zeitlichen Differenz allerdings nicht mehr genau in der Mitte vom Kopf, sondern seitlich verschoben wahrgenommen. Erst dann, wenn die zeitliche Differenz zwischen den beiden akustischen Reizen 3 ms, bei manchen Versuchspersonen 4 oder auch 5 ms beträgt, ist die Schwelle zur Ungleichzeitigkeit erreicht, d. h. die Versuchsperson hört nun getrennt in jedem Ohr einen Tonreiz.

Führt man einen solchen Versuch mit hirnverletzten Patienten durch, die beispielsweise eine Durchblutungsstörung in der linken Gehirnhälfte erlitten haben und als Folge dieser Durchblutungsstörung eine Sprachstörung zeigen, dann stellt man fest, daß der hier gemessene Übergang von Gleichzeitigkeit zu Ungleichzeitigkeit, die auditive Fusionsschwelle, bei diesen Versuchspersonen ebenfalls etwa im Bereich von 3–5 ms liegt. Sie entspricht damit der auditiven Fusionsschwelle bei Gesunden, d. h. die zentrale Hirnverletzung (der Schlaganfall) zeigt keinen Einfluß auf den Übergang von Gleichzeitigkeit zu Ungleichzeitigkeit. Wir vermuten deshalb, daß die Möglichkeit, Ungleichzeitigkeit von Reizen wahrzunehmen, von peripheren Mechanismen des Nervensystems abhängig ist.

Führt man einen entsprechenden Versuch über die zeitliche Verschmelzung (Fusion) von aufeinanderfolgenden Reizen im visuellen bzw. im taktilen System durch, dann stellt man fest, daß die Fusionsschwelle im taktilen System größenordnungsmäßig bei 10 ms liegt, während sie im visuellen System etwa 20–30 ms beträgt. Diese Schwellen sind allerdings auch abhängig von den spezifischen Reizbedingungen, die jeweils gewählt werden. Wenn man die Sinnessysteme miteinander vergleicht, ist also auffallend, daß der Übergang von Gleichzeitigkeit zu Ungleichzeitigkeit in den drei Systemen verschieden ist, wobei das Hörsystem durch die bei weitem günstigste Fusionsschwelle gekennzeichnet ist. Fragt man sich, worin der Unterschied der Fusionsschwellen in den verschiedenen Sinnesbereichen begründet ist, kommt man zu der Vermutung, daß hierfür die unterschiedlichen Transduktionsmechanismen in den einzelnen Sinnessystemen verantwortlich sind. Mit Transduktion ist die Umwandlung physikalischer Ereignisse (z. B. Licht oder Töne) in Aktionspotentiale des Gehirns gemeint. Bekanntlich dauert die Transduktion im visuellen System erheblich länger als im auditiven System, was offenbar zur Folge hat, daß auch die Gleichzeitigkeitswahrnehmung im visuellen Bereich sehr viel gröber ist als im auditiven Bereich.

Bei den Untersuchungen über die Fusionsschwelle in den verschiedenen Sinnessystemen haben wir im Experiment jeweils gefragt, ob ein oder zwei Reize wahrgenommen werden. Wenn man nun eine geringfügige Änderung im Experiment einführt, stellt man fest, daß allein die Veränderung der Frage, die man stellt, ein neues Ergebnis zur Folge haben kann. Wir fragen im nächsten Experiment nicht mehr, ob ein oder zwei Reize wahrgenommen werden, sondern der Untersuchte muß angeben, welches der erste und welches der zweite Reiz war. Die Frage richtet sich also auf die Aufeinanderfolge der wahrgenommenen Erlebnisse. Während der Übergang von Gleichzeitigkeit zu Ungleichzeitigkeit im Hörsystem bei etwa 3–5 ms lag, beobachtet man für das Erkennen der zeitlichen Ordnung bei identischen Reizbedingungen, daß hierfür etwa 30–50 ms notwendig sind. Offensichtlich wird durch die neue Fragestellung ein anderer Mechanismus des Gehirns abgefragt.

Die These, daß beim Erkennen der zeitlichen Ordnung ein weiterer Mechanismus des Gehirns beansprucht wird als beim Erkennen der Ungleichzeitigkeit, bestätigt sich durch Untersuchungen an Patienten mit zentralen Hirnverletzungen. Untersuchungen an solchen Patienten zeigen, daß die zeitliche Ordnungsschwelle etwa auf 100 ms angewachsen ist. Im Gegensatz zur auditiven Fusionsschwelle, die bei Gesunden und Hirnverletzten im selben Bereich liegt, beobachtet man einen deutlichen Unterschied zwischen Gesunden und Hirnverletzten, wenn die zeitliche Ordnung von Ereignissen erkannt werden muß.

Es ist nun überraschend festzustellen, daß die zeitliche Ordnungsschwelle bei Gesunden in den drei bisher untersuchten Sinnesbereichen, nämlich beim Hören, Tasten und Sehen, für eine gegebene Versuchsperson jeweils gleich zu sein scheint, während die Schwellen für die Ungleichzeitigkeit in den drei Sinnesbereichen verschieden ist. Diese Beobachtung legt nahe, daß für die Erkennung zeitlicher Ordnung ein einheitlicher Mechanismus des Gehirns in Anspruch genommen wird, der den drei Sinnessystemen in gleicher Weise zur Verfügung steht, während für das Erkennen von Ungleichzeitigkeit andere, vermutlich periphere Mechanismen verantwortlich sind.

Damit Ereignisse in eine zeitliche Ordnung gestellt werden können, also ihre Aufeinanderfolge erkennbar wird, ist Voraussetzung, daß einzelne Ereignisse zuvor als solche identifiziert werden. Fragt man also nach den Mechanismen, die für das Erkennen einer zeitlichen Ordnung verantwortlich sind, so fragt man auch nach der Minimalzeit, die notwendig ist, um Ereignisse zu identifizieren und mental verfügbar zu haben. Untersuchungen über derartige minimale Identifikationszeiten haben ergeben, daß zur Ereignisidentifikation eine Zeit im Bereich von 30–50 ms notwendig zu sein scheint.

Diese Hypothese ist möglich auf der Grundlage von Versuchen, in denen Wahlreaktionszeiten gemessen wurden (Pöppel 1978). Vor allem in Studien, in denen intrahemisphärische Wahlreaktionszeiten überprüft wurden, d.h. Reize, auf die zu reagieren war, nur einer Gehirnhälfte angeboten wurden, konnte gezeigt werden, daß beim Entscheidungsprozeß zwischen Reizen Minimalzeiten im Bereich von etwa 30–50 ms notwendig sind. Theoretisch gehe ich davon aus, daß durch jeden Reizauftritt ein oszillatorischer Prozeß im Gehirn in Gang gesetzt wird, wobei dieser oszillatorische Prozeß im technischen Sinn als ein Relaxationsoszillator zu deuten ist. Solche neuronalen Oszillatoren haben die Eigenschaft, daß sie durch einen plötzlich auftretenden Reiz unmittelbar synchronisiert werden. Es kann vermutet werden, daß sensorische Reize zu ähnlichen, wenn nicht gar identischen oszillatorischen Vorgängen in den verschiedenen Sinnessystemen führen, daß also ein visueller, auditiver oder taktiler Reiz zu periodischen Entladungen in den stimulierten Nervennetzen führen, deren Intervalle sich entsprechen. Damit wird ein zeitliches Raster bereit gestellt, mit dessen Hilfe Ereignisse aus den verschiedenen Sinnessystemen aufeinander bezogen werden können. Gäbe es eine solche zeitliche Rasterung nicht, dann wäre es theoretisch außerordentlich schwierig, Informationen der verschiedenen Sinnessysteme miteinander zu vergleichen und sie aufeinander zu beziehen. Ich vermute, daß die Periode dieses Oszillators, die nach experimentellen Befunden bei 30–50 ms liegt, jener Grundtakt ist, der unsere mentale Tätigkeit charakterisiert und der als Minimalzeit definiert werden kann, um einzelne Ereignisse zu identifizieren (Pöppel 1970, 1978, 1985).

Mit einem solchen neuronalen Oszillator haben wir nun gleichsam eine Uhr im Gehirn gefunden (Abbildung 1). Die eingangs von Richard Wagner und Bruno Walter erhobene Forderung nach dem richtigen Tempo in einem Musikstück kann nur neurobiologisch diskutiert werden. Es kann angenommen werden, daß die periodischen Vorgänge des neuronalen Oszillators unter gegebenen Bedin-

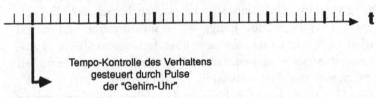

Neuronaler Oszillator ("Gehirn-Uhr")

Tempo-Kontrolle des Verhaltens
gesteuert durch Pulse
der "Gehirn-Uhr"

Abbildung 1

gungen frequenzstabil sind. Es wird nun vermutet, daß die Tempo-kontrolle in der Musik auf der Ankopplung der musikalischen Expression an einen solchen oszillatorischen Vorgang im Gehirn beruht. Dann ist gewährleistet, daß das Tempo eines Musikstückes konstant gehalten werden kann, weil die neuronalen Oszillationen wie Takte einer Uhr benutzt werden können. Die relativ hohe Frequenz dieses neuronalen Oszillators garantiert, daß Schwankungen der Periode im oszillatorischen Vorgang auf der expressiven Seite wenig Wirkung zeigen, weil die musikalische Expression in einem erheblich länger dauernden Zeitbereich manifestiert ist. Die Forderung nach der Konstanthaltung des Tempos ist also hirnphysiologisch möglich aufgrund der Verfügbarkeit einer neuronalen Uhr des Gehirns.

Über die Präzision von eingehaltenem Tempo gibt es eine sehr aufschlußreiche Studie des amerikanischen Musikers, Dirigenten und Komponisten David Epstein (1985). In einer Untersuchung über Tempobeziehungen innerhalb von Musikstücken verschiedener Kulturen konnte er zeigen, daß dann, wenn ein neues Tempo gewählt wird, dieses nicht unabhängig vom vorangegangenen Tempo ist. Wird das Tempo zügiger, dann z. B. ziemlich exakt doppelt so schnell; wird es langsamer, dann ziemlich genau um den Faktor 2 oder 3. Ein so gearteter Tempowechsel, der dem Gesetz kleiner Zahlen gehorcht, ist nur möglich, wenn eine wirksame zentrale Tempokontrolle gegeben ist, die nach meiner Hypothese durch die periodischen Prozesse in den neuronalen Netzen des Gehirns bereitsteht.

In Abbildung 2 ist versucht worden, den hier angesprochenen Sachverhalt graphisch zu verdeutlichen. Eine Gehirnuhr ermöglicht eine Tempokontrolle für zwei verschiedene Tempi, indem bei Veränderung des Tempos jeweils ein Puls des neuronalen Oszillators unberücksichtigt bleibt. Es kommt dann zu einfachen zahlenmäßigen

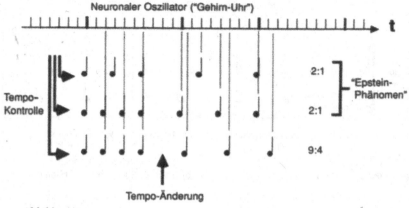

Abbildung 2

Beziehungen der Tempi bei Verlangsamung (oder Beschleunigung). Diese als ›Epstein-Phänomen‹ bezeichnete Tempobeziehung steht im Gegensatz zu Tempobeziehungen, bei denen die einfache zahlenmäßige Beziehung außer acht gelassen wird. Diese Tempobeziehung (in dem gewählten Beispiel 9:4) wäre ›unbiologisch‹, und wenn sie vom Musiker erzwungen wird, kann es zu einer ästhetischen Mißempfindung kommen. In jenen Fällen, in denen von der vom Gehirn vorgegebenen Zeitstruktur abgegangen wird, ist der Eindruck der Musik qualitativ verändert; ich vermute, daß dann auch der Gesamteindruck eines Musikstückes leidet.

Die vom Gehirn bereitgestellten neuronalen Oszillationen, die ›Gehirnuhr‹ also, erlaubt auch die Synchronisation gemeinsam Musizierender. Ein vorgegebenes Tempo führt im Idealfall zur zeitlichen Gemeinsamkeit, d. h. zur Synchronisation der Gehirnuhren der am Musizieren Beteiligten. Es kann aber nun der Fall eintreten, daß bei Spielern Uneinigkeit herrscht über das zu wählende Tempo. Ein Spieler mag versuchen, langsamer als der andere zu spielen. In Abbildung 3 ist eine derartige Situation veranschaulicht. Es bleibt zwar beim synchronisierten Spiel, doch hinkt der eine Spieler dem anderen um einen Bruchteil einer Sekunde nach. Solche hörbaren Phasenunterschiede im Einsatz haben für den Hörer üblicherweise eine von zwei Konsequenzen. Im allgemeinen wird eine ästhetische Mißempfindung bewirkt. Es kann aber auch dazu kommen – und dies ist sogar reizvoll, daß vom Hörer zwei verschiedene Tempi empfunden werden.

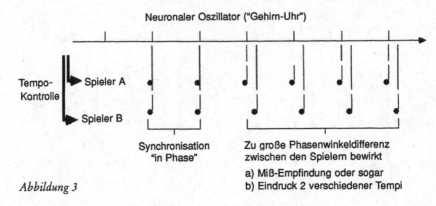

Abbildung 3

Die neuropsychologische Forschung der letzten Jahre hat etwas weiteres gezeigt, daß nämlich die zeitliche Organisation unserer Wahrnehmung, also z. B. die Angabe von zeitlicher Ordnung, im wesentlichen eine Leistung der linken Gehirnhälfte ist. Man kann zeigen, daß Verletzungen der linken Gehirnhälfte zu starken Veränderungen im zeitlichen Ablauf der Wahrnehmung führen. Es wurde nun beobachtet, daß auch die rechte Gehirnhälfte wesentlichen Anteil am Musikerleben hat. Seit längerem ist bekannt, daß die rechte Gehirnhälfte dominant ist für das räumliche Vorstellungsvermögen; die rechte Gehirnhälfte scheint aber auch dominant zu sein für die Bereitstellung von Emotionen (Pöppel 1982). Untersuchungen in verschiedenen Laboratorien haben gezeigt, daß die rechte Gehirnhälfte auch eine wesentliche Bedeutung hat für bestimmte Aspekte der Musik.

In Experimenten, in denen vorübergehend die linke oder die rechte Gehirnhälfte ausgeschaltet wird, konnte in der Neurochirurgischen Klinik in Oslo nachgewiesen werden, daß insbesondere die Tonhöhenmodulation durch die rechte Gehirnhälfte vermittelt wird. Vor neurochirurgischen Operationen bei schweren Fällen von Epilepsie, in denen eine medikamentöse Behandlung nicht mehr ausreicht, wird manchmal entweder eine Balkendurchtrennung oder eine lokale Abtragung des Gehirns vorgenommen, um den epileptischen Herd sich nicht weiter ausbreiten zu lassen. Damit bei solchen Eingriffen Sprachregionen des Gehirns möglichst nicht berührt werden, wird mit dem sogenannten Wada-Test vor einer Operation geprüft, in welcher Hemisphäre die Sprachfunktionen repräsentiert sind. Bei dem Wada-

Test wird eine Hemisphäre für wenige Minuten in ihrer Funktion blockiert. Man hat in dieser Zeit dann die Möglichkeit, verschiedene Leistungen zu überprüfen, d. h. insbesondere, ob sie bei Ausschalten einer Hemisphäre noch verfügbar sind oder nicht.

Wird ein Patient beauftragt, während dieser diagnostischen Prüfung zu sprechen oder zu singen, dann beobachtet man, daß bei Ausschaltung der linken Hemisphäre Sprachfunktionen oder auch das Singen sofort unterbrochen werden. Gibt man einem Patienten den Auftrag zu singen und blockiert dagegen kurzfristig die rechte Gehirnhälfte, dann beobachtet man, daß alle zeitlichen Funktionen der musikalischen Expression erhalten geblieben sind, daß der Patient also beispielsweise noch rhythmisch singt und das Tempo exakt kontrollieren kann, daß er aber nicht mehr in der Lage ist, Tonhöhen zu modulieren. Das gesungene Lied wird also auf nur einem Ton gesungen. Daraus läßt sich schließen, daß die rechte Gehirnhälfte die Möglichkeit der Tonhöhenmodulation vermittelt. Diese Aussage wird gestützt durch zahlreiche Untersuchungen an Patienten mit begrenzten rechts-hemisphärischen Verletzungen, bei denen die Fähigkeit zur Tonhöhenmodulation verlorengegangen ist bzw. deren Fähigkeit, verschiedene Tonhöhen zu unterscheiden, eingeschränkt ist.

Dieser Befund hängt vermutlich mit der Dominanz der rechten Gehirnhälfte für bestimmte Aspekte unseres Gefühlslebens zusammen. Uns wird hier nahegelegt, daß die Tonhöhenmodulation vielleicht das an der Musik ist, was ihre besondere emotionelle Wirkung vermittelt. Zu dieser Frage haben wir selbst eine Untersuchung durchführen können. Wir haben überprüft, wie gut Patienten mit Verletzungen der rechten Hemisphäre noch den emotionellen Gehalt eines Musikstückes erkennen können. Dabei haben wir Lieder aus einem anderen Kulturkreis herangezogen, deren emotionelle Bedeutung für jeden Gesunden aber auch in unserem Kulturkreis erkennbar ist. Die untersuchten Patienten hingegen waren bei diesen Liedern stark beeinträchtigt. Insbesondere waren sie nicht mehr in der Lage, die in einem Lied ausgedrückte Trauer zu erkennen. Diese Beobachtung belegt die Bedeutung der rechten Hemisphäre für das Erkennen eines musikalisch ausgedrückten Gefühles.

Wir können nun zur hierarchischen Klassifikation des subjektiven Zeiterlebens zurückkehren und prüfen, wo wir in diesem taxonomischen System angelangt sind. Wir sind über die Phänomene der

Gleichzeitigkeit, Ungleichzeitigkeit und zeitlichen Folge zu einer Ebene gelangt, bei der wir uns fragen müssen, ob diese drei Phänomene schon hinreichend sind für das, was wir allgemein unter Zeiterleben verstehen.

Eine kurze Überlegung zeigt, daß ein weiterer Mechanismus für das Zeiterleben notwendig sein muß. Jedem ist aus seinem eigenen Erleben deutlich, daß Ereignisse nicht für sich alleinstehend wahrgenommen werden, sondern daß einzelne Ereignisse aufeinander bezogen werden und normalerweise Wahrnehmungsgestalten bilden, in denen mehrere Ereignisse zusammengefaßt sind. Dieser Bezug ist nur dadurch möglich, daß das Gehirn einen Integrationsmechanismus bereitstellt, der dafür sorgt, Wahrnehmungsgestalten bilden zu können. Dieser Integrationsmechanismus, der hier angesprochen wird, läßt sich durch verschiedene Beispiele veranschaulichen. Er ist auch die Grundlage für jenes Phänomen, das wir als subjektive Gegenwart oder als ›Jetzt‹ bezeichnen.

Ein einfacher Versuch mag die hier angesprochene Integration von einzelnen Ereignissen zu Gestalten verdeutlichen. Wenn man ein Metronom beispielsweise jede Sekunde schlagen läßt, dann ist es für jeden leicht möglich, eine subjektive Taktierung vorzunehmen; wir können jedem zweiten Metronomschlag einen subjektiven Akzent geben, obwohl alle Metronomschläge gleich laut sind. Es ist uns wahrscheinlich auch möglich, bei diesem Metronomtempo drei aufeinanderfolgende Schläge zu einer subjektiven anschaulichen Gestalt zusammenzuschließen, indem wir jedem dritten Schlag ein stärkeres subjektives Gewicht geben, obwohl dies für manche vielleicht schon schwierig ist. Versuchen wir nun, vier oder gar fünf aufeinanderfolgende Schläge subjektiv zu einer Gestalt zusammenzufassen, so wird dies für viele schon sehr schwierig sein. Dieser einfache Versuch zeigt, daß die Integration aufeinanderfolgender Ereignisse zu Wahrnehmungsgestalten eine zeitliche Grenze hat, die bei nur wenigen Sekunden zu liegen scheint. Zahlreiche Versuche, insbesondere auch aus dem Bereich der zeitlichen Organisation des Sehens, machen deutlich, daß etwa drei Sekunden die Grenze ist, über die hinaus wir Information nicht mehr zu Wahrnehmungsgestalten zusammenfassen, also integrieren können (Pöppel 1982, 1985). Diese Integrationszeit kann individuell allerdings variieren, d.h. also auch längere (oder kürzere) Intervalle sind möglich.

Ich möchte nun vorschlagen, das Phänomen der zeitlichen Integration zur formalen Definition von subjektiver Gegenwart oder ›Jetzt‹ heranzuziehen. Was uns jeweils subjektiv verfügbar wird, ist dies nur für wenige Sekunden. Die mentale Verfügbarkeit eines Bewußtseinsinhalts für nur kurze Zeit ist bedingt durch die zeitliche Begrenztheit eines zentralen Integrationsmechanismus auf durchschnittlich etwa drei Sekunden.

Man muß sich nun fragen, ob es weitere Belege dafür gibt, daß die subjektive Gegenwart bzw. der jeweilige Bewußtseinsinhalt nur wenige Sekunden umgreifen kann. Es gibt zahlreiche Untersuchungen hierzu aus dem Sprachverhalten; man kann beispielsweise zeigen, daß Äußerungseinheiten in der Spontansprache jeweils auf etwa drei Sekunden beschränkt sind. Oder es lassen sich Untersuchungen über das Erkennen von Rhythmus anführen (Feldmann 1955), wobei hier allerdings eine etwas engere zeitliche Grenze festgestellt wurde. Man kann aber einen weiteren Bereich nennen, der besonders anschaulich macht, daß wir mit einer endlichen Grenze des Bewußtseinsinhaltes zu rechnen haben, nämlich bestimmte Phänomene aus der Kunst.

Das 3-Sekunden-Phänomen läßt sich sowohl in der Dichtkunst als auch in der Musik nachweisen. In Untersuchungen über Gedichte verschiedener Sprachen haben Fred Turner und ich (1983) herausgefunden, daß Verszeilen bevorzugt drei Sekunden dauern, wenn diese Verse gesprochen werden. Ganz unabhängig von der jeweiligen Sprache beobachtet man, daß hier ein universelles Zeitphänomen vorzuliegen scheint, an das sich implizit Dichter vermutlich aller Sprachen gehalten haben. Wenn wir voraussetzen, daß auch Latein und Griechisch in ähnlichem Tempo gesprochen wurde wie heute, kann man sagen, daß sich bereits in der Antike die Verszeilen an das Sprechen mit einer 3-Sekunden-Segmentierung gehalten haben. Nach den grammatikalischen Möglichkeiten oder der kulturellen Tradition ist kein Grund erkennbar, warum eine solche 3-Sekunden-Segmentierung überall vorliegt. Es wäre leicht möglich, Gedichtzeilen längerer Dauer zu verwenden. Der Grund scheint zu sein, daß die 3-Sekunden-Segmentierung von Bewußtseinsinhalten typisch für die Organisation unseres mentalen Lebens ist, daß Dichter sich implizit immer an diese Segmentierung gehalten haben. Wir nehmen deshalb ein universales Phänomen an, das für alle Menschen gilt. Das hier angesprochene Phänomen ist außerordentlich robust, so daß die kulturellen Traditionen trotz ihrer vielen unterschiedlichen Regeln, die selbst in der Geschichte ja Entwicklungsprozesse durchgemacht haben, ihm nichts anhaben konnten.

Zur Veranschaulichung (›Veranhörlichung‹) sei ein kurzes Gedicht zitiert, das der Leser laut zitieren und dabei auf die Zeit achten möge, und zwar ›Musik im Mirabell‹ von Georg Trakl:

Ein Brunnen singt. Die Wolken stehn
Im klaren Blau, die weißen, zarten.
Bedächtig stille Menschen gehn
Am Abend durch den alten Garten.

Der Ahnen Marmor ist ergraut.
Ein Vogelzug streift in die Weiten.
Ein Faun mit toten Augen schaut
Nach Schatten, die ins Dunkel gleiten.

Das Laub fällt rot vom alten Baum
Und kreist herein durchs offne Fenster.
Ein Feuerschein glüht auf im Raum
Und malet trübe Angstgespenster.

Ein weißer Fremdling tritt ins Haus.
Ein Hund stürzt durch verfallene Gänge.
Die Magd löscht eine Lampe aus,
Das Ohr hört nachts Sonatenklänge.

Eine bei etwa 3 Sekunden liegende Segmentierung beobachtet man auch in spontanem Verhalten. Wir konnten zeigen (Schleidt et al. 1987), daß intentionales Verhalten in vier verschiedenen Kulturen (bei Europäern, Yanomami-Indianern, Kalahari-Buschleuten, Trobriand-Inselbewohnern) eine identische zeitliche Segmentierung erkennen läßt. Grußzeremonien, auf andere bezogene spielerische Gesten und manch anderes Verhalten, das durch einen intentionalen Bezug gekennzeichnet ist, weisen in gleicher Weise eine zeitliche Begrenzung aus, die im Bereich von 3 Sekunden liegt. Da die zeitliche Segmentierung der vier Kulturen praktisch identisch ist, sind in Abbildung 4 die Meßwerte zu einem Histogramm zusammengefaßt. Man erkennt deutlich die Bevorzugung von Handlungsdauern dieser Art bei wenigen Sekunden.

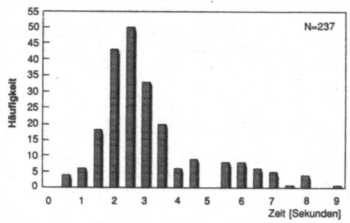

Abbildung 4

Ein weiterer Bereich, in dem die zeitliche Segmentierung deutlich wird, beobachten wir in der Musik. Es zeigt sich, daß musikalische Motive sehr häufig eine zeitliche Grenze bei etwa drei Sekunden haben. Als Beispiele können stellvertretend für viele hier das bekannte Motiv aus der 5. Sinfonie von Beethoven oder das Holländer-Motiv aus dem ›Fliegenden Holländer‹ von Richard Wagner genannt werden. Es lassen sich aber beliebig viele andere Beispiele nennen (Pöppel 1985). Auch hier scheint, zumindest in der Tradition der abendländischen Musik, ein universales Phänomen wirksam zu werden, über das sich der Komponist oder der ausführende Musiker nicht hinwegsetzen kann.

Hört man Musik, in der die zeitliche Strukturierung, wie sie hier nachgezeichnet wird, aufgegeben ist, dann ändert sich auch die ästhetische Wirkung solcher Musik. Offenbar werden durch Mechanismen des menschlichen Gehirns zeitliche Randbedingungen definiert, die auch für die ästhetische Beurteilung genutzt werden. Wird der biologisch gegebene zeitliche Rahmen durchbrochen oder nicht berücksichtigt, ändert sich auch das ästhetische Bezugssystem, innerhalb dessen die Musik üblicherweise bewertet wird.

In Abbildung 5 wird veranschaulicht, wie sich ›Gehirnuhr‹ und zeitliche Integration auf die Qualität bestimmter Höreindrücke auswirken. Diese hier schematisch dargestellten Überlegungen sind durch verschiedene experimentelle Beobachtungen gestützt. Werden ver-

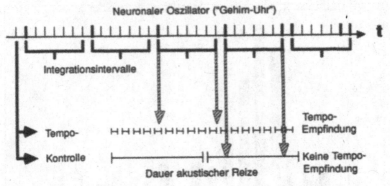

Abbildung 5

schiedene akustische Reize innerhalb eines Integrationsintervalls geboten, kommt es beim Hörer automatisch zu einer Tempoempfindung bzw. zum Erleben einer musikalischen Bewegung. Ist die Dauer einzelner Reize hingegen länger als das Integrationsintervall, erlischt die Tempoempfindung, und eine musikalische Bewegung ist nicht mehr erkennbar. Dies bedeutet, daß qualitativ etwas völlig Neues bewirkt wird, wenn der zeitliche Rahmen für die Integration verschiedener Ereignisse überschritten wird. Es ist zu vermuten, daß durch Tempovariationen, die innerhalb eines Integrationsintervalls auftreten, der Eindruck einer unterschiedlichen musikalischen Bewegung ausgelöst wird.

Es wird vermutlich immer deutlicher, daß wir uns bei der subjektiven Einstellung zu einem musikalischen Kunstwerk auch durch biologische Randbedingungen führen lassen, obwohl uns diese nicht bewußt sind. Es ist offensichtlich, daß sich kein Künstler im kreativen Prozeß an hirnphysiologischen Befunden orientiert. Der Künstler berücksichtigt aber automatisch und ohne sich dessen bewußt zu sein die durch Mechanismen des Gehirns vorgegebenen Randbedingungen, im Fall der Musik zeitliche Randbedingungen.

Ich möchte den Leser an dieser Stelle darauf hinweisen, daß die biologischen Randbedingungen von denen wir hier sprechen, nicht absolut starrer Natur sind; spricht man von biologischen Bedingungen, mag sich bei manchen der Eindruck des Unausweichlichen, des Determinierten einstellen und ein Verlust von Freiheit befürchtet werden. Wo bleibt die künstlerische Freiheit?

An einem Gesetz menschlicher Wahrnehmungsorganisation sei diese Befürchtung zerstreut. In der modernen Theorie der Wahrnehmung gehen wir davon aus, daß Wahrgenommenes nicht allein abhängig ist von der Konstellation der Reize, sondern ganz entscheidend von der Erwartung (der Hypothese), die der Wahrnehmende in einem gegebenen Augenblick hat. Folgendes Gesetz läßt sich formulieren: Wahrnehmung ist die Annahme oder Zurückweisung einer Hypothese, die ein Subjekt über den Zustand der Welt (oder sich selbst) hat. Der Wahrnehmende strukturiert also gleichsam die Reize, mit denen er konfrontiert wird, nach Gesichtspunkten subjektiver Relevanz.

Diese auf das Inhaltliche bezogene Regel der Wahrnehmung scheint nun auch für die formale Organisation des Wahrnehmens im Zeitbereich zu gelten. In Abbildung 6 ist dieser Gedanke für die Musikwahrnehmung schematisch skizziert. Wir gehen von einer ›Gehirnuhr‹ aus, die zunächst überhaupt erst ermöglicht – wie ausgeführt wurde –, ein Tempo konstant zu halten und Tempo bzw. musikalische Bewegung zu empfinden. Diese primäre, vom Gehirn vorgegebene Tempokontrolle ist aber vermutlich variabel auf Grund einer Rückwirkung des musikalisch Ausgedrückten auf die ›Gehirnuhr‹. Zum Ausdruck eines musikalischen Motivs wird ein zeitliches

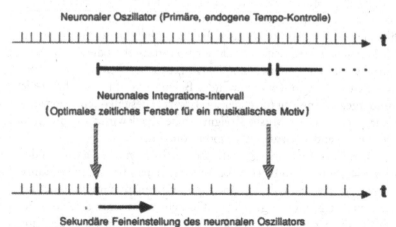

Abbildung 6. Semantische Rückwirkung auf die neuronale Tempokontrolle

Integrations-Intervall mehrerer Sekunden benötigt; damit diese neuronale Integration optimal ausgeführt werden kann, ist denkbar, daß über eine semantische Rückwirkung eine Feineinstellung der ›Gehirnuhr‹ vorgenommen wird. Diese Variation kann nur in Grenzen geschehen, aber sie scheint theoretisch möglich zu sein; experimentelle Studien werden diese These zu überprüfen haben. Ich gehe also davon aus, daß von einer Ebene höherer Komplexität, nämlich der der neuronalen Integration, eine Wirkung auf eine weniger komplexe logistische Funktion des Gehirns möglich ist. Es sei aber nochmals betont, daß die Änderung der vom neuronalen Oszillator vorgegebenen Pulse nicht beliebig ist, sondern nur in engen Grenzen vollzogen werden kann. Man erkennt aus diesen Überlegungen, daß zwei zeitliche Mechanismen, einer im Bereich von etwa 30–50 ms und einer im Bereich mit Segmenten von etwa drei Sekunden, miteinander in Wechselwirkung stehen, um musikalische Bewegung zu empfinden oder musikalische Motive mental verfügbar zu haben.

Mit diesen Überlegungen sind wir in der hierarchischen Klassifikation der subjektiven Zeit auf der vierten Stufe angelangt. Es wurde bisher Stellung bezogen zu den elementaren Zeiterlebnissen Gleichzeitigkeit, Ungleichzeitigkeit, Aufeinanderfolge und subjektive Gegenwart. Wenn man von subjektiver Zeit spricht, hat man aber noch ein weiteres Phänomen im Blick. Es stellt sich die Frage, welche Mechanismen wirksam werden, so daß bestimmte Zeitintervalle als unterschiedlich lang empfunden werden. Thomas Mann hat im ›Zauberberg‹ hierzu wohl die wichtigsten Gedanken formuliert. Es scheint, daß der mentale Inhalt jeweils die subjektive Dauer der zurückliegenden Zeit bestimmt. Wird mental viel repräsentiert, dann wird retrospektiv die Zeit als lang beurteilt. Ist hingegen mental in einem gegebenen Zeitintervall wenig verfügbar, geht also wenig durch das Bewußtsein, dann erscheint die vorübergegangene Zeit retrospektiv als kurz. Diese Betrachtungsweise gilt natürlich auch für Musik. Ereignisreiche Musik wird retrospektiv in ihrer Dauer anders bewertet als monotone Musik.

Wir müssen hier einen Integrationsmechanismus noch ganz anderer Art vermuten, nämlich ein Gedächtnis, in dem Information additiv gespeichert wird, wobei die gespeicherte Information im Hinblick auf ihre Dauer abgefragt werden kann. Gedächtnis ist somit eine notwendige Voraussetzung dafür, daß wir Dauer erleben können. Gedächtnis erfüllt aber im Hinblick auf Zeiterleben noch eine weitere Funktion.

Gedächtnis macht es uns möglich, in zukünftigen Situationen auf vergangene Ereignisse zurückzugreifen, Ähnlichkeiten festzustellen und uns für das zukünftige Handeln vorzubereiten.

Fragen wir uns schließlich, wie es möglich ist, daß unser Erleben durch subjektive Kontinuität gekennzeichnet ist. Bisher wurde erörtert, daß Integrationsmechanismen Informationen zu 3-Sekunden-Segmenten vereinigen, die uns jeweils in einem ›Gegenwartsfenster‹ bewußt werden. Es muß vermutet werden, daß weitere Mechanismen operativ sind, die den Bedeutungsinhalt des jeweils im Bewußtsein Repräsentierten aufeinander beziehen. Was uns jeweils ins Bewußtsein kommt, ist nicht unabhängig von dem vorhergegangenen Bewußtseinsinhalt. Was im Gedächtnis verfügbar ist, wird in das Bewußtsein hineingezogen, zusammen mit der durch den Wahrnehmungsakt gegebenen Information. So wird eine Kette aufeinanderfolgender Bewußtseinssegmente gebildet, die aus voneinander abhängigen Bewußtseinsinhalten besteht.

Daß hier in der Tat eine aktive Leistung des Gehirns vorliegt, ergibt sich aus Störungen von Patienten mit formalen Denkstörungen. Ein solcher schizophrener Patient ist im Extremfall nicht mehr in der Lage, aufeinanderfolgende Bewußtseinsinhalte so aufeinander zu beziehen, daß die Bedeutung der einzelnen Bewußtseinsinhalte eine sinnvolle Kette ergibt. Die formale Denkstörung scheint ihre Ursache darin zu haben, daß auf der höchsten Ebene, die wir hier ansprechen, operative Funktionen des Gehirns nicht mehr genutzt werden können, die die inhaltliche Verkettung aufeinanderfolgender Bewußtseinsinhalte ermöglichen. Für einen solchen Patienten ist dann auch die Kontinuität seines Erlebens und damit der subjektive Eindruck eines zeitlichen Stromes verlorengegangen, das das Erleben des Gesunden kennzeichnet und das Robert Musil in seinem Romanfragment ›Der Mann ohne Eigenschaften‹ in folgender Weise beschrieben hat: ›Der Zug der Zeit ist ein Zug, der seine Schienen vor sich herrollt. Der Fluß der Zeit ist ein Fluß, der seine Ufer mitführt. Der Mitreisende bewegt sich zwischen festen Wänden auf festem Boden; aber Boden und Wände werden von den Bewegungen der Reisenden unmerklich auf das Lebhafteste mitbewegt‹.

Akzeptiert man die hier vorgetragenen Hypothesen und Überlegungen, dann läßt sich abschließend eine Vermutung formulieren über eine ›neue‹ Musik, deren Ausführbarkeit die menschlichen Möglichkeiten überfordert. Wenn die biologischen Randbedingungen so mächtig sind, daß man sich von ihnen nicht zu lösen vermag, dann müssen wir prinzipiell neue Hörwelten in der Musik schaffen können, die wir nur noch mit modernen elektronischen Methoden verwirklichen können. Wir müßten eine unmögliche Musik, unspielbar von Menschen, ›komponieren‹ können. Ich behaupte, daß von Musikern ein Abweichen von der grundlegenden Tempokontrolle nicht möglich ist. Musik, bei der die Dauer aufeinanderfolgender Töne zufällig variiert, wobei die Dauer kurz sein muß verglichen mit dem Integrationsintervall von etwa drei Sekunden, kann von einem Musiker nicht realisiert werden, da eine zeitliche Grundstruktur, die vom Gehirn vorgegeben wird, außer Kraft gesetzt werden müßte. Das dürfte aber kaum möglich sein. Von einem Computer gespielte Musik dieser Art – man muß sich natürlich fragen, ob dies noch Musik wäre – muß qualitativ einen völlig anderen Eindruck erwecken als ›normale‹ Musik. Die These lautet also: Für Tempo gibt es in der Musik keine Freiheit.

Danksagung: Für viele Anregungen bin ich Prof. D. Epstein verpflichtet. Ich danke Herrn Prof. W. Simon für die Ermutigung, die teilweise spekulativen Überlegungen dennoch schriftlich festzuhalten. Frau Gabi de Langen und Frau Monika Herzog haben mich bei der Abfassung des Textes und der Herstellung der Abbildungen unterstützt. Insofern auf experimentelle Beobachtungen Bezug genommen wurde, sind diese mit Unterstützung der Deutschen Forschungsgemeinschaft erhoben worden.

Literaturhinweise

Ansermet E (1985) Die Grundlagen der Musik im menschlichen Bewußtsein. Piper, München

Augustinus (1955) Bekenntnisse (Confessiones). München (orig. 397/398)

Epstein D (1979) Beyond Orpheus. Studies in Musical Structure. MIT Press, Cambridge/MA

Epstein D (1985) Tempo Relations: A cross-cultural study. Music Theory Spectrum, VII

Feldmann H (1955) Das Wesen des Rhythmus im Experiment an Gehörlosen und Normalsinnigen. Archiv für Psychiatrie und Zeitschrift für Neurologie 194: 36–61

Kant I (1956) Kritik der reinen Vernunft. Hamburg (orig. 1787)

Mann Th (1967) Der Zauberberg. Frankfurt (orig. 1924)

Musil R (1978) Der Mann ohne Eigenschaften. Rowohlt, Hamburg

Pöppel E (1970) Excitability cycles in central intermittency. Psychol Forsch 34: 1–9

Pöppel E (1978) Time Perception. In: Held R, Leibowitz H, Teuber H-L (eds.) Handbook of Sensory Physiology, vol III: Perception. Berlin, pp 713–729

Pöppel E (1982) Lust und Schmerz. Grundlagen menschlichen Erlebens und Verhaltens. Severin & Siedler, Berlin

Pöppel E (1985) Grenzen des Bewußtseins. Über Wirklichkeit und Welterfahrung. Deutsche Verlagsanstalt, Stuttgart

Schleidt M, Eibl-Eibesfeldt I, Pöppel E (1987) A universal constant in temporal segmentation of human short-term behavior. Naturwissenschaften 74: 289–290

Turner F, Pöppel E (August 1983) The neural lyre. Poetic meter, the brain, and time. Poetry, pp 277–309

Wagner R Über das Dirigieren (zit. aus Walter B)

Walter B (1957) Von der Musik und vom Musizieren. S. Fischer, Frankfurt am Main

Jürg Frei Musik und Gehör

Angesichts des emotionsträchtigen musischen Aspektes sei das Thema möglichst nüchtern angepackt; das Erlebnishafte und Emotionelle bleibt ohnehin der jeweiligen Musikaufführung verhaftet. Vor dem entwicklungsgeschichtlichen, physikalischen Einstieg ins Thema seien drei Begriffe abgegrenzt: *Klangsprache, verbale Sprache und Musik.*

Im Anfang war die Klangsprache – die Klang- oder Lautsprache des jeweiligen Lebensraums, die Klangsprache der Umgebung, in der die lebensbedrohenden und die ein Weiterleben versprechenden Schallreize identifiziert werden müssen, die lallende Klangsprache des Säuglings, die jeder Tierart spezifische Lautsprache. Während sich die verbale Sprache mit ihrer Differenzierung, Begrifflichkeit und Konventionalität von der ursprünglichen Klang- und Lautsprache entfernt, bildet die Musik häufig einen großen Bogen zurück zur Klangsprache der Natur. Mit einem vielfältigen Orchesterapparat werden Meeresbrandung, Wellengeplätscher, Waldesrauschen, Vogelstimmen, Seufzer und andere natürliche Schallereignisse imitiert und mit der heute möglichen elektromechanischen Reproduktion sogar direkt in ein Musikstück einbezogen.

Schall, schallgetragene musikalische Information und entwicklungsgeschichtliche Ansätze

Schall als solcher ist bewegte Materie, summarisch betrachtet als Energie, auf die Zeit bezogen als mechanische Leistung zu definieren. Strukturelle Änderungen, durch den menschlichen Geist ausgeheckt, können die dergestalt bewegte Materie zum Träger musikalischer Inhalte machen. Bei dieser kommunikativ verfeinerten Schallenergie wird der Faktor Zeit zu einer sinnlich erfaßbaren Dimension; die dosierte Zeitgebundenheit der Musik läßt sich, jedenfalls in der abendländischen Musik, in einfachen Zahlenverhältnissen darstellen. Rhythmus, Takt und Perioden lassen sich meist mit den Zahlen 2, 3 oder 4 weitgehend definieren. Auch ein Walzer im *Fünf*vierteltakt, wie zum Beispiel in Tschaikowskis ›Pathétique‹, bleibt eben ein Walzer, das heißt ein Spiel mit der vertrauten rhythmischen Struktur des *Drei*vierteltakts. Auch die klanglichen Grundstrukturen, die dem musikalischen Schall, dem ›Wohlklang‹ zugrunde liegen, lassen sich in meist einfachen Zahlenverhältnissen darstellen. Dabei sind wir aber weit entfernt von einer Erfassung musikalischer Abläufe; einem schönen Ton Dauer zu verleihen kann, bestenfalls der Anfang eines musikalischen Ereignisses sein.

Mit dem mathematischen Vorgang einer Fourier-Analyse kann man Momentaufnahmen auch eines komplizierten Schallereignisses anfertigen und mit Frequenz und Amplitude seiner Komponenten aufzeichnen. Dabei bestätigt sich jedoch nur die von Carl Friedrich von Weizsäcker 1943 formulierte Erkenntnis, daß die Physik die Geheimnisse der Natur nicht erklärt, sondern sie auf tieferliegende Geheimnisse zurückführt. Das physikalische Wissen um Schall und Gehör, so umfangreich und faszinierend es anmutet, kann der musikalischen Lebensäußerung und dem lebendigen Organ Ohr nur teilweise gerecht werden. Die Musik selbst hingegen ist und war – vorzüglich die abendländische Musik auch aus der Zeit vor der Aufklärung – unbewußte und bewußte Erforschung eines Sinnesorgans, dessen Fähigkeiten sich in den Jahrmillionen seiner stammesgeschichtlichen Entwicklung auf Schallsignale einer natürlichen Umgebung ausgerichtet haben:

> Hör, wie's durch die Wälder
> kracht!...
> Girren und Brechen die Äste,
> der Stämme mächtiges Dröhnen,
> der Wurzeln Knarren und Gähnen...
> Und durch die übertrümmerten Klüfte
> Zischen und Heulen der Lüfte.

Es fehlen nur noch der nahe Blitzschlag, einige sanftere Töne sowie die tierischen Laute und die Äußerungen unserer Artgenossen, um mit dieser poetischen Schilderung Goethes die akustische Reizlandschaft aufscheinen zu lassen, in der die phylogenetische Entwicklung des Hörorgans ihren Lauf genommen hat. Es ist kaum anzunehmen, daß das menschliche Ohr während seiner phylogenetischen Entwicklung von musikalischen Reizformen geprägt wurde. Auch im Gegensatz zur Phylogenese des Ohrs findet die Musik unseres Kulturkreises vorwiegend in geschlossenen Räumen statt. Unbestritten ist die Bedeutung des Hörens für die Kommunikation – darin übertrifft sie möglicherweise die des Sehens –, doch primär war das Gehör auch ein Warnsystem, das aus einer Vielfalt von Umgebungsgeräuschen heraus die reaktionsbestimmenden lebensfreundlichen oder -feindlichen Signale wahrnimmt. Dazu verfügt das menschliche Ohr über Eigenschaften, die sich auch mit modernster Technologie nur unvollständig nachbilden lassen:

In einem Frequenzbereich von drei Dekaden – 20–20000 Hertz – können Schallereignisse verarbeitet werden, die in ihrer Intensität nur knapp über den körpereigenen Geräuschen liegen oder aber die Lautstärke eines nahen Blitzeinschlags erreichen, was einem Intensitätsumfang von 1 zu 10^{12} entspricht. Zusätzlich findet neben einer Dynamikkompression eine schmalbandige Frequenzanalyse und eine Ortung der Schallquelle statt, was bis heute mit tragbaren Geräten nicht zu verwirklichen ist.

Der musikalische Schallweg
und die raumakustische Schallauffächerung

Verfolgen wir den möglicherweise musikalischen Schall auf seinem Weg von der Schallquelle bis zu seiner Umwandlung in elektrische Signale oder Potentialschwankungen, so können wir grob vier Phasen feststellen:

1. die Schallerzeugung (in der Musik mit vorwiegend fester Materie als Schallquelle),
2. die Ausbreitung des Schalls auf dem Luftweg bis an unser Trommelfell,
3. die mechanische Übertragung der Schallschwingungen via feste Materie vom Trommelfell bis zum ovalen Fenster, dem Eingang des Innenohrs, und
4. von dort die Weiterleitung via flüssiges Medium bis zu den Sinneszellen, dem Ort der Umwandlung in Nervenerregungen bzw. elektrische Potentialschwankungen.

So durchläuft jedes Schallereignis, jede musikalische Äußerung Medien, welche die drei Aggregatzustände umfassen, bis es zu dessen eigentlicher Wahrnehmung kommt. Auch eine noch so ›feurige‹ musikalische Aussage durchläuft Luft, Erde und körperwarmes Wasser, bis sie endlich die Sinneszellen erreicht und die Umwandlung in elektrische Energie erfährt. Nach dieser Reminiszenz der vier alten Elemente wenden wir uns weiteren physikalischen Fakten zu:

Auf dem Weg von der musikalischen Schallquelle bis zum Zuhörer erfährt der Schall eine Ausbreitung und Umwandlung, die durch den jeweiligen Raum und den Standort der Schallquellen darin gegeben ist. Für die Wahrnehmung des Schalls ist weiter der räumliche Standort des Zuhörers maßgebend. Diese banal klingenden Prämissen entscheiden aber wesentlich über Art und Qualität der musikalischen Wahrnehmung. In einem raumakustisch guten Saal dringen neben dem Direktschall von einem Schallimpuls bis zu 60 und mehr zeitlich getrennte meßbare Schallreflexionen von den raumbegrenzenden Flächen an das menschliche Ohr. Im Idealfall umfassen die Laufzeitdifferenzen des primären Schallfeldes pro Schallimpuls etwa 50 Millisekunden. Wie man zu diesen raumakustischen Bedingungen kommt, sei hier dahingestellt. Im Hinblick auf unser Thema interessiert, daß unser Hörorgan die zeitlich gestreuten Schallreize desselben Schallimpulses zu einem subjektiv nicht verwischten Schalleindruck verarbeiten kann und daß wir eine ganz bestimmte Streuung überhaupt brauchen, um zu einem angenehmen musikalischen Hören zu gelangen. Es wäre nicht nur von theoretischer Bedeutung und sicher an der Zeit, diese überraschende Verknüpfung von Raumakustik und Gehörphysiologie aus wissenschaftlicher Sicht eingehend zu verfolgen und zu differenzieren.

Eine phylogenetische Hypothese mag vielleicht an dieser Stelle weiterführen. Bei den erwähnten unmusikalischen Bedingungen der ursprünglich prägenden stammesgeschichtlichen Umgebung wirkt dieses Phänomen an sich überraschend und unerklärlich; möglicherweise hängt die zeitliche Integrationsfähigkeit des Ohrs aber damit zusammen, daß die in der freien Natur vorwiegend im Direktschall wahrgenommenen akustischen Signale meist eine relativ lange Zeitspanne und mehrere Einzelreize umfassen. Unberührt von dieser privaten Hypothese läßt sich festhalten, daß eine gute Raumakustik einen einzelnen Schallimpuls so auffächert, daß am Ohr des Zuhörers Laufzeitdifferenzen des sogenannten primären Schallfeldes entstehen, die der optimalen Integrationsfähigkeit des Hörorgans entsprechen.

Oder, anders gesagt: Eine gute Raumakustik bedeutet optimale Laufzeitdifferenzen am Ohr des Zuhörers.

Der musikalische Schall im individuellen Körperkontakt

Verfolgen wir den Schall als musikalischen Informationsträger weiter bis zu seiner Wahrnehmung, so stehen wir nun am Eingang zum Hörorgan selbst, das heißt, wir kommen in den Bereich der persönlichen bzw. der individuellen Schallverarbeitung, deren periphere Rahmenbedingungen hier kurz skizziert seien:

Wie jeder Mensch sein eigenes Gesicht hat, so hat er auch seine individuelle bzw. persönliche Akustik. Dabei hat das Außenohr eine wesentlich größere Bedeutung, als bisher angenommen wurde. Die Form der Ohrmuschel und vor allem die Form und die Weite des äußeren Gehörgangs bewirken bereits erste Schalltransformationen, die im allgemeinen folgende Charakteristik aufweisen:

- eine Schallverdichtung (Peak) von 10 bis 20 dB bei ca. 3500 Hz
- Verschiebungen des spektralen Frequenzmaximums (bei einem Gewehrschuß z. B. von 600 gegen 3000 Hz).

Im Mittelohr erfolgt eine mechanische Anpassung des Luftschalls an die Innenohrflüssigkeit. Diese Anpassung beruht einerseits auf einer Hebelübersetzung von 1,3:1 durch die ersten beiden Gehörknöchelchen (Hammer und Amboß) und andererseits auf dem Flächenverhältnis 14:1 zwischen Trommelfell und Fußplatte des Steigbügels, dem dritten Gehörknöchelchen, welches am ovalen Fenster die Schwingungen ans Innenohr weiterleitet. Die Übertragungsfunktion des Mittelohrs läßt sich derzeit am einfachsten durch das Verhältnis der Geschwindigkeit des vom Steigbügel im Innenohr verschobenen Flüssigkeitsvolumens zum Schalldruck am Trommelfell darstellen.

Die Angaben über den Frequenzgang des Mittelohrs schwanken. Typisch sind aber ein Abfall von etwa 6 dB pro Oktave unterhalb von 1000 Hz und ein Abfall von 6 bis 12 dB pro Oktave von 1000 bis 4000 Hz (Bandpassfilter). Zusätzlich sind eine Einbuße und eine nachfolgende Steigerung bzw. Resonanz im Bereich von 3000 bis 4000 Hz festzustellen, wahrscheinlich verursacht durch die Hohlräume im Mittelohrbereich.

Diese Übertragungsfunktion des Mittelohrs gilt aber nur für Schallreize, die eine Schallintensität von etwa 80 dB nicht überschreiten. Bei stärkeren Signalen tritt der akustische Schutzreflex auf, wobei der Stapediusmuskel das innerste Gehörknöchelchen verkantet und so die Schallweiterleitung vermindert.

Prüft man nun das Gehör eines Menschen mit normierten Schallreizen, so lassen sich diese Umformungen des Schalls auf seinem Weg ins Innenohr gesamthaft nachweisen. Dies besagt mit anderen Worten, daß im Innenohr der Schallreiz nicht weiter dynamisch verformt bzw. linear übertragen wird bis zu seiner Umsetzung in Nervenerregung in den betreffenden Sinneszellen.

Die musikalischen Schallparameter

Hier weitere gehörphysiologische Details darzustellen, würde zu weit führen. Dem Alltagserleben näher steht die musikalische Aufschlüsselung der Qualitäten bzw. Diskriminationsfähigkeiten unseres wichtigsten oder zweitwichtigsten Sinnesorgans. Unser Hörorgan umfaßt – für den Musiker ›selbstverständlich‹ – die folgenden Fähigkeiten:

– *Melodisch-harmonisches Hören.* Dieses umfaßt die Unterscheidung der Tonhöhen und das Feststellen der Bezüge verschiedener Töne zueinander (Konsonanz oder Dissonanz) in sukzessiver und simultaner Anordnung (vergleiche späterer Abschnitt über Paradoxa). Im Sonderfall des absoluten Gehörs besteht ein inneres Referenzsystem, welches ein Bestimmen der effektiven Tonhöhe erlaubt. Die subjektive Tonhöhenwahrnehmung kann durch Klangfarbenunterschiede getrübt werden.

– *Zeitlich-rhythmisches Hören.* Auch kleinste zeitliche Verschiebungen ab drei Tausendstelsekunden und geringe Temposchwankungen werden festgehalten. Besonders ausgeprägt ist das Gefühl für gleiche Zeitabstände und sich wiederholende Abläufe (Rhythmus, Takt, Periode), eine auch im (außermusikalischen) Alltag bedeutsame Fähigkeit.

– *Dynamisches Hören.* Trotz des großen dynamischen Bereichs (vergleiche Einleitung) werden auch geringe Lautstärkenunterschiede von weniger als 1 dB festgehalten. Dabei spielt auch die Geschwindigkeit der Lautstärkeänderung eine Rolle, damit die letztere als solche erkannt wird. Ein langsames Abwandern der Tonhöhe wird eher überhört. Bei lauter Musik (über ca. 80 dB) ergibt sich eine Hörermüdung, die subjektiv unbeeinflußbar in Abhängigkeit von der Lautstärke und der Einwirkungsdauer erfolgt.

– *Klangfarbliches Hören.* Je nach Verteilung, Stärke und Einschwingzeit der einzelnen Komponenten eines Tons, des Grundtons und der Obertöne, unterscheiden wir verschiedene Klangfarben. Diese lassen sich kaum mehr unterscheiden, wenn der Beginn eines Tons abgeschnitten bzw. nicht gehört wird. Bei den Einschwingvorgängen berühren sich zeitliches und klangfarbliches Hören ›messerscharf‹, beide haben eine Trennschärfe von wenigen Tausendstelsekunden.

– *Räumliches bzw. Richtungshören (Stereophonie).* Je nach Schallereignis reagieren die beiden Ohren auf Lautstärkeunterschiede oder Laufzeitdifferenzen zwischen links und rechts. Auch bei nur einseitig erhaltenem Gehör besteht aber noch die Möglichkeit, gröbere Standortdifferenzen wahrzunehmen. Bei fehlenden oder veränderten Ohrmuscheln können merkwürdigerweise Verschiebungen in der vertikalen Achse (oben/unten) kaum mehr identifiziert werden. Neuere Untersuchungen deuten darauf hin, daß unser Hörorgan in erster Linie gelernt hat, auf Bewegungen der Schallquelle in der Sagittalebene zu reagieren. Entsprechend scheinen die Schaltkreise im zentralen Nervensystem angelegt zu sein (Annäherung oder Sichentfernen eines etwaigen Feindes). Die Crescendi und Decrescendi, die ein Musikstück wesentlich beleben, imitieren mithin Bewegungen in dieser Ebene (Verknüpfung von räumlichem und dynamischem Hören).

Kontrastierende Hörfähigkeiten

An dieser Stelle kommen wir wieder zurück auf die stanmesgeschichtliche Entwicklung des Ohrs, die ihren Ursprung in einem freien Schallfeld genommen hat, während Musik vorwiegend im geschlossenen bzw. geschützten oder umgrenzten Raum realisiert wird. Die primäre Konzeption unseres Hörorgans als lebenserhaltendes Warn- und Orientierungssystem mag zu nervlichen Strukturen Anlaß gegeben haben, die wir nun musikalisch-künstlerisch und wissenschaftlich ausloten können, ohne daß das Sinnesorgan ursprünglich für diese Reize konzipiert worden wäre. Kann es daran liegen, daß man bei der wissenschaftlichen Betrachtungsweise der musikalischen Wahrnehmung auf Paradoxa stößt, die noch der physiologischen Deutung harren? Je nach Anforderung und Hörsituation ist unser Hörorgan zu völlig verschiedenen Verschmelzungsprozessen bzw. Differenzierungen fähig:

– Im zeitlichen Bereich genügen einerseits drei Tausendstelsekunden, um zwei Schallereignisse als nicht mehr gleichzeitig erscheinen zu lassen, andererseits empfinden wir einen Orchestereinsatz als gleichzeitig, auch wenn ihn eine ideale Raumakustik bis auf mindestens 50 Tausendstelsekunden zerdehnt hat. Unterwegs zu unserem Hirn erfährt der Klang im Innenohr eine weitere Verzerrung, indem die Einschwingzeit des Innenohrs – das heißt der schalleitenden Basilarmembran in der Gehörschnecke – je nach Frequenz verschieden ist und je nach Tonhöhe von Tausendstel- bis Hundertstelsekunden variiert. Aus diesem ›Schwingungschaos‹ heraus vermitteln uns unsere Nerven die sogenannten Hörbahnen und schließlich unser Hirn eindeutige Höreindrücke.

– Als weiteres Paradoxon imponiert, daß das Ohr bereits Tonhöhenunterschiede von 1–3 Hz unterscheidet, andererseits kann es bei einer Schwankung bis zu etwa einer kleinen Terz, das heißt einem Vielfachen davon, eine durchgehende Tonhöhe wahrnehmen, wie dies beim Vibrato zum Beispiel einer Sängerstimme der Fall ist. Dabei fällt auf, daß die periodische Schwankung von Tonhöhe und Intensität des Tones beim Vibrato sich weitgehend mit der in der modernen Hirnforschung postulierten neuronalen Eigenfrequenz trifft (Vibrato: 4–8 Hz, neuronale Eigenfrequenz: 5–10 Hz).

Wenn ein Musiker tagtäglich bewußt oder unbewußt die hier skizzierten Fähigkeiten des menschlichen Ohrs anwendet, so spielen viele andere Phänomene mit, wie beispielsweise das Vorauswissen oder Vorausfühlen, welches unter anderem den professionellen Musiker auszeichnet. Dieses Vorausfühlen, die ständige gedankliche oder gefühlsmäßige Extrapolation – jene Extrapolation, die übrigens auch das ärztliche Wirken kennzeichnet –, verknüpft mit einer raschen Reaktionsgabe, erlaubt erst ein überzeugendes Zusammengehen. Wie gut das Zusammenspiel mehrerer Musiker ist, hängt aber nicht nur mit dem musikalischen Können und der Persönlichkeit der Beteiligten zusammen, sondern hängt eben auch von der individuell verschiedenen musikalischen Wahrnehmung ab, die nur zum Teil mittels eigener Erfahrungswerte beeinflußt oder gesteuert werden kann. Zum bereits geschilderten komplexen und individuell unterschiedlichen Geschehen in unseren Ohren kommen im weiten Felde der musikalischen und sprachlichen Kommunikation auch psychische Faktoren hinzu, die trennen oder verbinden können und die sich an dieser Stelle nur erahnen lassen.

›Die Natur singt ihr zartes Lied nur für den Künstler, ihren Sohn und Herrn – Sohn, weil er sie liebt, Herr, weil er sie kennt.‹

Mit diesem Zitat von James McNeill Whistler aus seinem Werk ›The Gentle Art of Making Enemies‹ schließe ich in der Hoffnung, daß diese Ausführungen Ihr Ohr gefunden haben.

Bibliographie

Baer-Loy T (1973) Vorstoß in den Kern des raumakustischen Geschehens. Manuskript. Persönliche Mitteilungen 1980 bis 1982
Békésy G von (1960) Experiments in Hearing. McGraw-Hill, New York
Békésy G von (1961) Pitch Sensation and its Relation to the Periodicity of the Stimulus. Journal of the Acoustical Society of America 33, 341–348
Burghauser J, Spelda A (1971) Akustische Grundlagen des Orchestrierens (dt. von A. Langer). Bosse , Regensburg
Dallos PJ (1973) The Auditory Periphery. Academic Press, London New York
Frei J (1983) Gehörschäden durch laute Musik. Hexagon Rochè 11/3: 19–24; 5: 1–8
Gärtner J (1974) Das Vibrato (unter besonderer Berücksichtigung der Verhältnisse bei Flötisten). Bosse, Regensburg
Harris CM (ed) (1979) Handbook of Noise Control. McGraw-Hill, New York
Helmholtz H (1865) Die Lehre von den Tonempfindungen. Braunschweig
Henderson D, Hamernik RP, Dosanjh DS, Mills J H (eds) (1976) Effects of Noise on Hearing. Raven Press, New York
Hohmann BW (1984) Untersuchungen zur Gehörschädlichkeit von Impulslärm. SUVA, Mitteilungen der Sektion Physik Nr 17 (Diss. ETH Zürich)
Keith WK (ed) (1980) Audiology for the Physician. Williams & Wilkins, Baltimore London
Klingenberg HG (1980) Grenzen der akustischen Gedächtnisfähigkeit. Schweizer Musikerblatt 67, Nr 7/8 und 9
Leipp E (1971) Acoustique et Musique. Masson, Paris
Meyer J (1980) Akustik und musikalische Aufführungspraxis. Verlag Das Musikinstrument, Frankfurt am Main
Ostersymposium ORF-Studio, unter anderem: Frei J (1985) Das Ohr als Tor zur musikalischen Weltbegegnung. Herbert-von-Karajan-Stiftung, Salzburg
Salzburger Musikgespräche (1983) Musikerlebnis und Zeitgestalt. Herbert-von-Karajan-Stiftung, Salzburg 1983

Schulte G (1970) Untersuchungen zum Phänomen des Tonhöheneindrucks bei verschiedenen Vokalfarben. Bosse, Regensburg

Spillmann T (persönliche Mitteilungen 1976–1986)

Winckel F (1960) Phänomene des musikalischen Hörens. Berlin und Wunsiedel

Zwicker E, Feldtkeller R (1967) Das Ohr als Nachrichtenempfänger, 2., neubearb. Auflage, Hirzel, Stuttgart

Zwislocki JJ (1980) Five decades of research on cochlear mechanics. J Acoust Soc Am 67/5: 1679–1685

Walter Pöldinger Richard Wagners Wesendonck-Lieder

Wann immer wir die Wesendonck-Lieder hören, gedenken wir der
großen, herrlichen, aber auch leidvollen Liebe zweier großer Menschen, die sich in Zürich begegneten und welcher Begegnung wir eines
der größten Musikdramen der Weltliteratur, das große Lied der Liebe,
die Oper ›Tristan und Isolde‹, verdanken, welche nicht nur die
Thematik von Liebe und Treue, sondern auch von Liebe und Erotik so
erschütternd anklingen läßt – eine Frage, die auch als Geheimnis über
der geschilderten historischen Beziehung liegt und als Problem der
imaginierten und erlebten Erotik uns alle bewegt.

Daß damit Richard Wagner auch ein neues Kapitel der Musikge-
schichte begann, wissen wir spätestens seit dem Jahr 1899, in welchem
Arnold Schönberg sein Streichsextett Op. 4 ›Verklärte Nacht‹ kompo-
nierte. Es fällt zunächst auf, daß Richard Wagner an einem Tag, an
dem das Ehepaar Mathilde und Otto Wesendonck erstmals die Stadt
Zürich betraten, am 21.10.1850, in dieser Stadt die Bellini-Oper
›Norma‹ dirigierte, bei der es um eine große Liebe, aber auch um die
Keuschheit der Priesterin geht. Am 20. Januar 1852 dirigierte Richard
Wagner die ›Egmont‹-Ouvertüre von Beethoven und dessen 8. Sym-
phonie. An jenem Abend hörte das Ehepaar Wesendonck erstmals
Richard Wagner dirigieren; und als dieser am 17. Februar 1852
Beethovens ›Coriolan‹-Ouvertüre und die 5. Symphonie dirigierte,
kam es zu einer ersten persönlichen Begegnung. Richard Wagner muß
sich für die junge, schöne Frau rasch begeistert haben, denn bereits am
29. Mai 1853 machte er ihr eine erste musikalische Aufwartung. In der
Rückblende würden wir heute sagen, es begann recht trivial, denn es
handelte sich um eine Polka. Aber schon im darauffolgenden Monat
arbeitete Richard Wagner an einer Sonate für das Album von M.W.
Hier lag schon ein bißchen Geheimnis über der Beziehung. Es ist aber
historisch nicht uninteressant, daß im gleichen Jahr, nämlich am 10.
Oktober Richard Wagner in Paris das erste Mal Franz Liszts Tochter
Cosima kennenlernte, welche einer freien Beziehung mit der Gräfin
Marie d-Agoult entstammte.

Am 17. Januar 1855 schließt Richard Wagner die zweite Fassung der ›Faust‹-Ouvertüre ab und schreibt dazu ›zum Andenken S. l. F.‹. Damit ist offenbar ›Seine liebe Freundin‹, nämlich Mathilde Wesendonck gemeint. Am 23. Januar des gleichen Jahres dirigiert Richard Wagner die Ouvertüre von Mozarts ›Zauberflöte‹, seine ›Faust‹-Ouvertüre und die 5. Symphonie von Beethoven. Am 23. Februar tritt Richard Wagner ein letztes Mal in Zürich öffentlich auf, und zwar dirigiert er auf ausdrücklichen Wunsch von Mathilde Wesendonck auch noch die 3. Aufführung seines ›Tannhäuser‹.

Zu dieser Zeit hat Richard Wagner offenbar daran gedacht, sich in der Schweiz niederzulassen, denn bei einem Aufenthalt in Brunnen am 31. Juli, überlegte er, ob er sich nicht hier ein Haus ›nach Schweizer Bauart in Holz‹ errichten lassen solle und erörtert auch den Gedanken, die ›Nibelungen‹ auf einem Floß in der Bucht vor Brunnen aufzuführen. Und jetzt im Herbst spitzen sich die Ereignisse zu. Am 8. Oktober beginnt Richard Wagner die Partiturschrift zum 3. Akt der ›Walküre‹, aber bereits am 11. Oktober arbeitet er am Konzept zur Oper ›Tristan und Isolde‹.

Interessanterweise beginnt Richard Wagner am 16. Mai 1856 eine Prosaskizze zu einem Buddha-Drama, das ›Die Sieger‹ heißen soll.

Am 29. September dieses Jahres kommt das Ehepaar Wesendonck von einer New-York-Reise zurück. Ein Haus für das Ehepaar ist eben im Bau bzw. Umbau, und ein anschließendes Gebäude, ›Asyl‹ genannt, wird ebenfalls umgebaut, damit dort die Familie Wagner leben kann. Noch bevor Wagner das ›Asyl‹ bezieht, konzipiert er am Karfreitag, dem 10. April 1857, auf der Terrasse den ›Parsifal‹. Am 28. April ziehen dann Minna und Richard Wagner in das ›Asyl‹, in welchem Richard Wagner vom 13.–27. Juni an der Komposition der Orchesterskizze des 2. Akt von ›Siegfried‹ arbeitet. Aber bereits am 1. Juli beginnt er die Kompositionsskizze von ›Tristan und Isolde‹, und anläßlich eines Besuches des Intendanten Eduardo Devrient in Zürich vom 30. Juni bis 3. Juli, teilt Richard Wagner diesem mit, daß er an einer Opera ›Tristan und Isolde‹ arbeitet. Am 2. Juli sind Devrient, die Wesendoncks und Gottfried Keller Gäste im ›Asyl‹, und am 20. August beziehen die Wesendoncks selbst ihre Villa, in der heute das Museum Rietberg untergebracht ist. Am 31. August kommt wieder Liszts Tochter Cosima auf Besuch, diesmal auf der Hochzeitsreise. Sie hat den Dirigenten Hans von Bülow geheiratet, und das Ehepaar ist am

5. September zu Gast im ›Asyl‹, und von Bülow spielt die Klindwort-schen Arrangements der ›Nibelungen‹ und die beiden ersten Akte des ›Siegfried‹ aus dem Kompositionsentwurf.

Am 18. September schließt Richard Wagner den 3. Akt der Dichtung ›Tristan und Isolde‹ ab und übergibt sie noch am gleichen Tag Mathilde Wesendonck. Später schreibt er ihr über diesen Akt der Überreichung: ›Du geleitest mich nach dem Stuhl vor dem Sopha, umarmtest mich, und sagtest: ›nun habe ich keinen Wunsch mehr!‹ Bereits am 1. Oktober beginnt Richard Wagner mit der Kompositions-skizze von ›Tristan und Isolde‹. Am 31. Dezember des gleichen Jahres vollendet Richard Wagner die Kompositionsskizze des 1. Aktes von ›Tristan und Isolde‹ mit einem Liebesgedicht als Widmung an Mathilde Wesendonck:

> Hochbeglückt
> schmerzentrückt,
> frei und rein,
> ewig Dein –
> Was sie sich klagten
> und versagten,
> Tristan und Isolde,
> in keuscher Töne Golde,
> ihr Weinen und ihr Küssen
> leg' ich zu Deinen Füßen
> daß sie den Engel loben,
> der mich so hoch erhoben!

Am 26. Dezember des gleichen Jahres hatte Richard Wagner seinen Freund, den Regierungsrat Hagenbuch um einen Paß nach Paris gebeten. Er hatte damals den Plan, mit Mathilde Wesendonck zu fliehen. Auch wissen wir, daß um Neujahr 1858 eine stürmische Auseinandersetzung zwischen Mathilde und Otto Wesendonck statt-fand und Richard Wagner daraufhin nach Paris verreiste, bei welchem Besuch er von Madame Erard den berühmten Erard-Flügel zum Geschenk bekam.

In die Zeit zwischen dem Beginn der Kompositionsskizze von ›Tristan und Isolde‹ am 1. Oktober und den Auseinandersetzungen um Neujahr 1858 fällt nun die Reinschrift eines ersten Liedes nach einem Gedicht von Mathilde Wesendonck mit dem Titel ›Der Engel‹ vom 30.

November. Am 4./5. Dezember komponiert Wagner die Musik zu dem 2. Wesendonck-Lied ›Träume‹ und am 17. Dezember zum 3. Wesendonck-Lied ›Schmerzen‹. Unmittelbar im Anschluß an diese Komposition hören Richard Wagner und Mathilde Wesendonck ein Konzert von Clara Schumann. Am 22. Dezember, dem Geburtstag von Mathilde Wesendonck, brachte Richard Wagner mit acht Musikern ein Ständchen mit der Fassung von ›Träume‹ für Solovioline und ein kleines Orchester. Die Komposition des Liedes ›Träume‹ sowie des späteren Liedes Im ›Treibhaus‹, zu dem Richard Wagner die Musik am 1. Mai 1858 schrieb, tragen auch noch den Titel ›Studien für Tristan und Isolde‹. ›Im Treibhaus‹ enthält längere Passagen, die später im Vorspiel zum 3. Akt der Oper wiederkommen, und das Lied ›Träume‹ verweist auf das Liebesduett im 2. Akt der Oper. Das vierte Gedicht von Mathilde Wesendonck, das Lied ›Stehe still!‹ hat Richard Wagner am 22. Februar 1858 komponiert. In dieser Zeit hat Richard Wagner offenbar versucht, Otto Wesendonck wieder besser für sich zu stimmen, denn am 31. März dirigiert Richard Wagner zur Nachfeier des Geburtstages von Otto Wesendonck am 16. März im Treppenhaus der Villa ein Konzert mit zehn einzelnen Sätzen aus Beethoven-Symphonien. Das ad hoc gebildete Orchester bestand aus über 30 Musikern. Drei Tage später, am 3. April, hat Richard Wagner die Partitur des 1. Aktes von ›Tristan und Isolde‹ abgeschlossen. Unmittelbar danach, am 6. April, kommt es zu einer schweren Auseinandersetzung zwischen Richard Wagner und Mathilde Wesendonck über Goethes ›Faust‹. In diesem Rahmen kommt es auch zu einer Eifersuchtsszene gegenüber Mathilde wegen ihres Italienischlehrers. Bei der Diskussion zu Goethes ›Faust‹ hatte sich Wagner heftig dagegen gewehrt, daß Mathilde den zerrissenen Menschen Faust zum Ideal stilisierte und, wie er meinte, mißverstand. Es muß ein entsetzlicher Abend gewesen sein, denn schon am Morgen des 7. April sandte er ein Entschuldigungsschreiben an Mathilde, das in eine Bleistiftskizze des ›Tristanvorspiels‹ eingerollt war und den Titel trug: ›Morgenbeichte‹. Er schreibt in diesem Brief, daß er in der Nacht von argem Grübeln gequält wurde und erst wieder am Morgen vernünftig geworden sei. Dann habe er herzhaft zu seinem Engel beten können, ›und dies Gebet ist Liebe‹, und der Brief endet mit den Worten ›halt' komm' in den Garten; sobald ich Dich sehe, hoffe ich einen Augenblick Dich ungestört zu finden! – Nimm meine ganze Seele zum Morgengruß!‹ –

Minna, die etwas geahnt haben muß, fing diesen Brief ab und spielte diesen Otto Wesendonck zu; es kam zum Eklat. Am 15. April bringt Richard Wagner seine herzkranke Frau zur Kur nach Brestenberg. Am 1. Mai komponiert Richard Wagner das 5. Wesendonck-Lied ›Im Treibhaus‹, und am 4. Mai beginnt er die Kompositionsskizze vom 2. Akt von ›Tristan und Isolde‹. Am 29. Mai eröffnet Richard Wagner seiner Frau den Entschluß, sich von ihr zu trennen. Ihre Reaktion gibt ihm Hoffnung, das gemeinsame Leben fortzusetzen, und er gibt seinen Entschluß bekannt, mit der Familie Wesendonck den Verkehr abzubrechen. Am 1. Juni lädt Otto Wesendonck Richard Wagner zum Tee ein. Wagner lehnt aber diese Einladung ab. Am 6. Juli schreibt Richard Wagner an Mathilde Wesendonck einen Brief zur endgültigen Klärung, erklärt seinen rückhaltlosen Verzicht und die Aufgabe des ›Asyls‹. Am 15. Juli kehrt seine Frau aus Brestenberg ins ›Asyl‹ zurück. Die gegenseitige unüberbrückbare Animosität der beiden Frauen veranlaßt aber Wagner, Zürich in Kürze zu verlassen. Ende Juli ruft Richard Wagner Cosima und Hans von Bülow nach Zürich, und in Begleitung von Hans von Bülow nimmt Richard Wagner am 16. August Abschied von Mathilde und Otto Wesendonck. Am Dienstag, dem 17. August 1858, besteigt Richard Wagner bereits um 5.25 Uhr den Zug und verläßt die Zwingli-Stadt, und bereits am 29. August steht Richard Wagner vor den Renaissance- und byzantinischen Bauwerken des Markus-Platzes in Venedig. Hier komponiert er den 2. Akt von ›Tristan und Isolde‹, vollendet auch eine Nachkomposition der Wesendonck-Lieder. Während der Komposition steht er mit Mathilde Wesendonck in Briefwechsel, und er schreibt auch ein Tagebuch für sie. Die Partitur des 3. Aktes von ›Tristan und Isolde‹ vollendet Richard Wagner im August 1859 im Hotel Schweizerhof in Luzern.

Während der Luzerner Kompositionszeit reiste Richard Wagner am 2. April nach Zürich und war Gast im Hause Wesendonck. Er bemerkte dazu, daß er in keiner Weise befangen war. Über den Handkuß, den er der Geliebten vor den Augen des Mannes geben konnte, schreibt er, daß damit auch alles ›recht wesenlos‹ geworden sei. In seiner letzten Tagebucheintragung für Mathilde Wesendonck am 4. April beschreibt er das Gefühl traumhafter Unwirklichkeit, die sich ins Imaginative auflöste: ›Wo wir sind, sehen wir uns nicht; nur, wo wir nicht sind, da weilt unser Blick auf uns‹. Die Besuche wiederholen sich, und unter anderem übernachtet er am 15. April im

Hause Wesendoncks. Der Hausherr war damit einverstanden, denn es lag ihm daran, den Gesellschaftsklatsch, der über seine Frau und Richard Wagner verbreitet worden war, zu zerstreuen und sie nun öffentlich zu rehabilitieren. In der Zeit vom 10.–12. Juni besuchen die Wesendoncks Richard Wagner in Luzern.

Das am 21. August 1858 begonnene Tagebuch für Mathilde reicht bis zum 4. April 1859. Mathilde hatte es erst gelesen, nachdem sie auf Zureden von Eliza Willes Wagner den Skandal verziehen hatte. Während der Zeit der Trennung hatten die Wesendoncks auch noch den Tod des kleinen Söhnchens Guido zu beklagen. Otto Wesendonck verständigte Richard Wagner, und dessen Kondolenzbrief war die erste Nachricht, die Mathilde empfing. Am 19. Januar 1859 schrieb Wagner den ersten Brief, der Mathilde erreichte.

Jahre später:

Mathilde Wesendonck hatte in Bayreuth 5 ›Parsifal‹-Aufführungen miterlebt, und sie schrieb an Jakob Sulzer über ihre Erlebnisse während dieser Aufführungen, daß ihr das Nirwana lieber gewesen wäre, und sie fürchte die Welt werde noch einmal katholisch werden. In einer der letzten Nächte vor seinem Tod in Venedig am 13. Februar 1883 träumte Richard Wagner, er habe einen Brief von Mathilde Wesendonck bekommen; diese, die 15 Jahre jünger als Richard Wagner war, starb am 31. August 1902 in Traunblick im Salzkammergut. Ihre Gedichte behandeln das zentrale Thema der Romantik, Eros und Thanatos. In dem Gedicht ›Der Engel‹ fleht sie die Engel ihrer frühen Kindheit herbei. Diese mögen, da ihr Herz doch so bang in Sorgen schmachtet, die vor der Welt verborgen sind, ihren Geist himmelwärts führen. In ihrem Gedicht ›Stehe still‹ greift sie ganz im Wagnerschen Stil in die Sphären und an den Weltenball. Sie will die zeugende Kraft anhalten, daß sie ›im Süßen vergesse, doch alle Wonnen ermesse. Wenn Aug in Aug wonnig trinken, möge die Seele ganz in der Seele versinken. Erkennt der Mensch die ewige Spur, dann löst er die heiligen Rätsel der Natur‹. Im ›Treibhaus‹ fragt sie nach dem Sinn des Leidens und breitet in sehnendem Verlangen weit die Arme aus und umschlingt wahnbefangen doch nur öde Leere und nichtigen Graus. In dem Gedicht ›Schmerzen‹ beweint sie die Sonne, die jeden Abend im Meer der frühe Tod erreicht. Aber diesen Schmerzen steht der Wiederaufstieg entgegen, und wenn sie erlebt, wie nun der Tod wieder Leben gebiert, so dankt sie der Natur ob solcher Schmerzen. In dem

Lied ›Träume‹ besingt sie die herrlichen Träume, auf daß sie wachsen und blühen, und sie weiß auch um das Vergehen dieser Träume. Wie Wagner scheint sie von Schopenhauer sehr beeindruckt gewesen zu sein.

Die Komposition der Wesendonck-Lieder war für Richard Wagner eine Vorübung für seine Oper ›Tristan und Isolde‹. Der sich in den Liedern vorbereitende Tristan-Akkord ist die Keimzelle musikalischer Energien, der erst in der ekstatischen Freude des Liebestodes aufgelöst wird, in der ekstatischen Freude, im Tod mit dem geliebten Tristan vereint zu sein.

›Versinkend – unbewußt – höchste Lust‹, das sind die letzten Worte der Isolde. Das vorletzte Wort ist unbewußt. Somit findet sich das Unbewußte bereits in dem 1859 in Luzern vollendeten ›Tristan‹, der dann in München uraufgeführt wurde.

Wagner hat aber auch den Begriff des ›Es‹ in seinem Werk mit dem Dranghaft-Unwillkürlichen begrifflich vorweggenommen, dem er das Rational-Willkürliche entgegensetzt und das er auch mit ›Not‹ umschrieben hat, in der Steigerung von Urnot zu Menschennot und Notwendigkeit. Sprachlich hat er das Wort ›es‹ in einem vom 26. Januar 1867 datierten Brief an König Ludwig II. von Bayern verwendet, in dem er sich als: ›alter Meister des ›Es‹ bezeichnet. Er hat aber auch den Begriff des Jungschen Schattens und der Anima erahnt, wenn er Elsa als das Unbewußte des ›Lohengrin‹ bezeichnet. Er muß auch etwas von Sublimierung gewußt haben, sonst hätte er ›Tristan und Isolde‹ nicht wie folgt kommentieren können: ›Da ich aber nun doch im Leben nie das eigentliche Glück der Liebe genossen habe, so will ich in diesem schönsten meiner Träume im Tristan ein Denkmal setzen, in dem vom Anfang bis zum Ende diese Liebe sich einmal so recht sättigen soll‹.

Wenn wir in Richard Wagner wie in Friedrich Nietzsche mit seiner Philosophie des ›Um-die-Ecke-Sehens‹ wohl mit Recht Vorläufer der Tiefenpsychologie sehen, muß wohl auch Mathilde Wesendonck die Fähigkeit zugesprochen werden, mehr um das Wesen der Liebe und der Frauenschicksale gewußt zu haben als die meisten ihrer Zeitgenossinnen.

Wenn sie der Liebe zu Richard Wagner vielleicht auch die letzte Erfüllung versagte, so war sie sich aber wohl der Verantwortung bewußt, die auch sie für das große Werk des Meisters trug.

Boris Luban-Plozza und Lothar Knaak
Satyriasis im Operngewand

Es ist ihm keine andere Chance gelassen...

Nichts scheint das Gemüt unmittelbarer zu bewegen als Musik, nichts scheint Gemütslagen besser auszudrücken als Musik. Stimmt diese Feststellung, so müßte sich ihr Inhalt nicht nur in den musikalischen Themata wiederfinden, sondern auch in den großen, handelnden Figuren der Oper. Wenden wir uns einer dieser Inkarnationen von Gemütszuständen zu, welche, wie es scheint, überragende Bedeutung haben: Don Giovanni, und zwar der von Wolfgang Amadeus Mozart nach dem Libretto von Lorenzo Da Ponte in Musik gesetzte, welcher 1787 in Prag erstmals inszeniert worden ist.

Die Fabel geht auf Tirso de Molina zurück, der 1613 mit seinem Stück ›El Burlador de Sevilla y Convidado de Piedra‹ den skrupellosen Verführer beschrieb, der aus reinem Trieb serienweise Frauen sich unterwirft und alle Warnungen vor dem göttlichen Strafgericht in den Wind schlägt.

Das Prinzip der Ordnung und der Gerechtigkeit als unwandelbarem Gebot ist mit dem versteinerten Komtur aufgerichtet.

Vom Text her gesehen scheint es, daß Da Ponte nicht versucht war, in die Tiefenschichten der Psyche seiner Gestalten einzudringen. Er hat sich eher von einem Bühnenerfolg anregen lassen. Don Giovanni hatte schon einen Platz im Musiktheater durch den Text von Bertati ›Il convitato di pietra‹, der von Gazzaniga vertont worden war. Diese unmittelbare Anregung Da Pontes für seinen ›Dissoluto punito ossia Don Giovanni‹, seinem ›dramma giocoso‹, das, vom Ausgang der Geschichte her gesehen, gewiß wenig heiter ist, reiht das Stück in die üblichen Traditionen ein. Zumindest die letzten Autoren haben also nicht in sich selbst ihr Thema gefunden, sondern nach Vorlagen gegriffen, um auf dem Markt zu bleiben.

Kierkegaard zufolge zeichnet Don Giovanni eine ›sinnliche Genialität‹ aus. Sicher stellt er einen Leidenschaftlichen, einen Verführer aus

Maßlosigkeit und Unbeständigkeit dar, welcher, um seine Triebe zu befriedigen, vor keiner Handlung zurückschreckt. Bei Da Ponte und Mozart erfährt die tragische Grundstimmung Don Juans, die im Mord des Komturs, in der Kränkung Elviras, bis hin zur Höllenfahrt des Zügellosen sichtbar wird, durch die Figur seines Faktotums Leporello eine Verfremdung ins Komische.

Leporellos Bauernschläue feiert Urständ und seine Sprachkapriolen gedeihen zu einem Feuerwerk unbotmäßiger Kritik. Darin ist der italienische Text einmalig in seiner sarkastischen Präzision und kaum ins Deutsche übersetzbar, besonders nicht die spöttisch überlegene Ausdrucksweise dieses Dieners, wenn er zum Beispiel seinen Herrn einen ›caro galantuomo‹ nennt, der ein ›indegno cavalier‹, ein ›assassino‹, ein ›iniquo‹, ein ›empio‹ ist, wie auch für die Damen ein ›mostro‹, ›barbaro‹, ›ribaldo cor‹, ›ner anima‹, ›alma ingrata‹, ›nido d'inganni‹, ›traditore‹, ›mentitore‹, ›scellerato‹ und ›crudele‹. Für Leporello, dem unersetzbaren Knecht, ist er weiter ein ›matto‹, ›birbo di padrone‹, ›malandrino‹ und ›fellon‹. Das sind alles ›Ehrentitel‹, die im Deutschen eher flach herauskommen und ihre Bissigkeit verlieren. Die Musik gibt überdies diesen Titeln genau den Glanz, der ihnen zukommt, ironisch, sarkastisch und bös, wie nur Gedemütigte, in aller Abhängigkeit, ihren Herren eins auswischen können.

Charakteristisch für Don Juan erscheinen uns sein verschlingender Erotismus, die Ausbrüche eines zerstörerischen Triebes und die in einem sich selbstverzehrenden Brand auflodernden Leidenschaften. Er ist ein durch Liebe Gebrandmarkter, welcher selbst keine Liebe empfindet, ein Einsamer, der sich eine Maske aus Betrug und Vergnügungen anlegt, um sich vor sich selbst zu retten, was eigentlich zu einer larvierten Depression gehören könnte.

Das schier übersinnliche, überwältigende Finale der musikalischen Umsetzung bei Mozart, betont denn auch den deutlichen Text des Librettos:

> Questo è il fin di chi fa mal!
> Ed è perfidi la morte –
> Alla vita è sempre ugual

Es handelt sich um eine ›Opera giocosa‹ (Da Ponte) oder ›Opera buffa‹ (Mozart), jedoch um ein Drama, dessen Charakteristiken wir hier gekennzeichnet haben.

Die Lebenserfahrung eines jeden erlaubt die Erkenntnis, mit den eigenen Impulsen in einem sozialen Zusammenspiel eingebettet zu sein. Ein überwiegend großer Teil der Ich-Erfahrung spielt sich im Umgang mit den Mitmenschen ab. So ist wohl jeder auch Gefangener seiner Umwelt und seiner Zeit, das heißt der Epoche, die ihn animiert, die ihn fordert, normiert, bestätigt oder verwirft. Schicksal ist also Dynamik in Interdependenz. Kunstfiguren werden demnach um so wirklicher und realistischer erscheinen, je mehr sie von diesen Zusammenhängen etwas mitteilen, und authentische Personen werden uns um so künstlicher vorkommen, je weniger sie etwas von diesen sozialen Interdependenzen aufweisen. Dieses Maß dürfte auch dem Grad ihrer neurotischen Störungen zugrunde liegen.

Die Figur des Don Giovanni, wie sie von Da Ponte und Mozart vermittelt wird, zeichnet beides aus: einerseits eine große Vertrautheit mit allgemein menschlichen Schwächen und Stärken, andererseits eine große Fremdheit, die dem Verbund sozialer Zusammenhänge entgegensteht. Don Giovanni ist gleichzeitig ein Vertrauter und ein Abwegiger, und seine Abwegigkeit ist mehr als nur ein Trick, um inkognito bleiben zu können. Durch sein ›Aus-dem-Rahmen-Fallen‹ wird er jedoch gleichzeitig zu einer Besonderheit, die unser aktives Interesse erregt. Er wird zu einem Prototyp durch seine Abartigkeit, er bekommt ›seinen‹ Namen durch das Besondere.

Die Protagonisten von Schaustücken gewinnen ihr Profil durch ihre Antagonisten. Don Giovanni hat mehrere, wenn nicht unzählige, die durch Leporello rein summarisch aufgelistet sind. Einige jedoch ragen heraus, weil sie in der Oper, als handelnde Personen, auch zu musikalischen Motiven werden. In diesem Sinne ist Donn'Anna für Mozart Inspiration zu den schönsten Arien und Rezitativen, Spiegel des wahren und tiefen Leidens.

Donn' Anna kann sowohl die Pflicht zur Tugend verkörpern wie auch den unwandelbaren Zwang, sie kann krankhaft an den Vater gebunden sein wie auch die unheimlichste, unverrückbare Liebe zu ihrem Verführer beweisen. Sie ist das Subjekt des insistenten Schmerzes und weist eine unveränderbare Richtung zur Stillung verzehrender Leidenschaften. Sie tritt auf wie eine rächende Furie, die besessen ist von Blut und Tod (›Non sperar, se non m'uccidi‹). Vor dem Leichnam des Vaters, in dessen offene Wunde ihre Visionen tauchen, produziert sie gewissermaßen ihren Wahn. Eine oberflächlich psychoanalytisierende Interpretation hätte leichtes Spiel, darin den Ausdruck des Schocks der vollzogenen Defloration zu erkennen, der kompliziert und übersteigert ist durch die morbose Bindung an den Vater, und danach verlangt, in ein weiteres Blutbad getaucht, um gereinigt zu werden (›Rimira di sangue coperto il terreno‹; ›Vendicar se il puoi, giura quel sangue ognor‹).

Die Musik scheint hier zwiespältiger als das Libretto. Das Rezitativ, das die Nacht der Aggression einleitet und beschwört, ist von einem leidvollen Seufzer des Orchesters eingestimmt, der die Worte begleitet: ›Da lui mi sciolsi‹. Liegt nicht ein unendliches Bedauern in dieser Passage? Oder bedeutet sie wirklich nur Erleichterung? Welchen Sinn hätte dann das Finale, in dem Anna mit ihrem Gefolge in das Haus Don Giovannis eindringt mit dem Schlachtruf: ›Solo mirandolo / stretto in caten / alle mie pene‹. Wehe jedem, der unter den Keulenschlag solcher Liebe fällt.

Für die gesamte Dauer der Oper ist Donn'Anna in einer Extremsituation, außerhalb des friedlichen und verstehenden Einvernehmens. Sie bricht kontinuierlich mit dem guten Ton des Umgangs, indem sie ihren Verfolger hart verfolgt. Ihr Vater, der Komtur, fordert zu ihrer Verteidigung Don Juan zum Duell und findet dabei den Tod. Das gibt Donn'Anna sicher keine Genugtuung. Eher scheint es, daß sie irritiert ist, weil der Vater ihre Beziehung zu ihrem geliebten Verführer unterbricht. Mozart beweist ein tiefes Einfühlungsvermögen in solche Zwiespältigkeiten durch seine musikalische Einfärbung eines an sich noch wenig überzeugenden Textes.

Objekt der Leidenschaften ist zweifellos auch Don Giovanni, ein Protagonist, dessen Handlungsspielraum durch die Antagonisten bestimmt wird. Von allem Anfang an begegnet der durch größtes Verlangen seiner Beziehungsopfer ausgezeichnete Liebhaber den einhaltgebietenden Kräften. Er begegnet dem Tode bereits während der Eröffnungsszene, wenngleich es ihm nicht gegeben ist, ihn auch zu begreifen, dieweil er tötet. ›Ah, es steht mir nicht zu, Dich zu schlagen‹, bekennt er zwar dem Komtur, als dieser ihn zum Duell fordert.

Für ihn sind Friedhöfe nicht sehr verschieden von anderen öffentlichen Plätzen, und im Unterschied zu den anderen Personen spürt er wirklich nicht das heilige Gewicht dessen, was ›nach dem Grabe‹ kommt. Er befindet sich jenseits solcher sozialen Ordnungskategorien, und er spürt keine kulturelle Beschränkung; er ist dazu bestimmt, Tabus beiseite zu schieben und zu zerstören. Durch Don Juan ist die soziale Ordnung gestört, er ist ihr Widersacher.

Der Komtur wird als Vertreter dieser Ordnung aufgeboten, die Würde des Beharrungsvermögens zu beweisen. Schon in der Ouvertüre zeigt sich die übermenschliche Kraft dieses Prinzips, welches als wichtigstes Hindernis des alle Schranken brechenden Draufgängertums in Erscheinung tritt. Jugendliches Ungestüm mündet leicht in so etwas wie eine Kulturrevolution, die jede Würde des Überkommenen zerstört. ›Was fallen will stützend bewahren‹, sei nach Goethe Kultur. In diesem Sinne verkörpert der Komtur die Verteidigung des zu Bewahrenden.

Die handelnden Figuren dieser Oper zeichnen sich insgesamt darin aus, Normen zu übertreten. Die außerordentlichen Situationen scheinen zu außerordentlichem Handeln zu zwingen. So mißachtet auch Elvira, mit ihrem Liebesangebot, jede Konvention und erntet dafür einen animalisch wunderbaren Hymnus an die Freiheit. Eine besondere Figur gibt Don Ottavio ab, ganz aus Samthosen und Seife gemacht, der in den höchsten und reinsten Tenortönen seinen überragenden Edelmut bezeugt. Er ist so edel, daß seine Beschränktheit, die Realität so zu begreifen, daß sie ein herzhaftes Zupacken verlangt, schon wieder peinlich auffällt.

Wenn der Komtur die Szene betritt, verschwindet jeder andere Gegenspieler Don Juans. Letzterer bleibt allein (die Nichtigkeit Leporellos verstärkt durch ihre Gegenwart die Einsamkeit) mit seinen fürchterlichen, verkürzten Erinnerungen, seine ruhelose und rasche Sprechweise der eindringlichen Bedächtigkeit des marmornen Ehrenmannes entgegensetzend, welche im Finale sich das Doppelte an Zeit der Tempi und der Formulierungen nimmt, um jenem seine Verurteilung zu bescheinigen. Der Komtur stellt also als musikalisches Thema das Immerwährende, das Beständige, der Vergänglichkeit der schnelllebigen Hast Don Juans entgegen.

Gewiß hat Wolfgang Amadeus Mozart mit Hilfe des Rollenspiels der handelnden Figuren seiner Oper auch musikalisch sich selbst ausgedrückt. Er hat die Vertonung nicht ›angebracht‹, sondern mit seiner Musik die Figuren beseelt, er hat seine Oper geschaffen.

Es hätte nicht viel Sinn, Kunstfiguren wie lebende Individuen zu analysieren, wenn dahinter nicht eine effektive Realität stünde. Zwar

73

kann es sich nicht um die Realität handeln, die Adolf Freiherr von Schack 1845 suchte, als er sich darum bemühte, einen Nachkommen des ›berühmten Don Juan‹ kennenzulernen. Der vom Teufel geholte Don Juan Tenorio war keine historisch wirkliche Persönlichkeit, wohl aber eine exemplarische Gestalt des Unheils. Ein solch extremer Luftibus wäre auch als Sippenoberhaupt schwer vorstellbar.

Auffallend im Libretto Da Pontes und der Vertonung Mozarts ist die Polarisierung, die Wandlung, die Dominanz und Abhängigkeit der handelnden Personen im Rahmen ihrer Generationenfolge. Das enorme Gewicht des steinernen Komturs im Gegensatz zur Windhündigkeit des Don Juan, dem keine Chance gegeben ist, sich als Ehrenmann zu bewähren, läßt vermuten, daß Wolfgang Amadeus Mozart darin so etwas wie eine Schicksalsbestimmung empfand, von der er sich nicht nur nicht ausschließen konnte, sondern die für ihn Vergleichswert haben mochte. Mag sein, daß die Dominanz des Vaters als Schicksalsbestimmung auf ihm lastete.

Leopold Mozart hatte wirklich einen tiefgreifenden und oft auch frustrierenden Einfluß auf den Sohn Wolfgang Amadeus. Im kulturellen Bereich ist es nicht selten, daß die Vaterfigur sich mit dem Ordnungsemblem der Vergangenheit identifiziert, die sich der Jugendlichkeit und dem im Sohn repräsentierten Wandel widersetzt. So war es zum Beispiel in den griechischen Mythologien mit Kronos und Zeus, Phöbus und Phötonte, mit Dädalus und Ikarus, wo nur im ersten Fall es dem Sohne gelang, Recht über die väterliche Opposition zu behalten, während gewöhnlich der Sohn seinem Erzeuger unterliegt. Mag sein, daß Mozart es so empfand, daß ihm keine Chance gegeben sei, sich anders zu bewähren, als es vom Vater vorbestimmt war.

Für Symptome einer larvierten Depression können wir, wenn wir wollen, bei Wolfgang Amadeus wohl einige Anzeichen finden, beispielsweise den ihm zugeschriebenen, italienisch abgefaßten Brief an Da Ponte, vom September 1791: ›An dem, was ich empfinde, fühle ich, daß meine Stunde schlägt. Ich befinde mich im Vorgarten des Entschlafens; ich habe geendet, bevor ich mein Talent genossen habe. Das Leben war dennoch so schön. Die Karriere eröffnete sich unter sehr glücklichem Vorzeichen, aber man kann nicht seiner Schicksalsbestimmung entgehen.‹

Da ist auch das insgeheim betriebene Hasardspiel, das ihn wirtschaftlich ruinierte. Das Elend des Abtretenden Wolfgang Amadeus war ja nicht durch einen zu geringen lukrativen Gewinn aus seiner Arbeit verursacht, sondern durch den unvernünftigen Umgang mit dem Verdienten. In der Oper Don Giovanni finden wir darauf allerdings keinen Hinweis.

Don Juan ist ja weder als Selbstdarstellung Da Pontes oder Mozarts gedacht, noch als solche gediehen. Es ist vielmehr ein Mythos, und zwar ein alter, aber kein eingeschlafener, vielleicht ein müder, aber offensichtlich ein noch nicht beerdigter Mythos, wenn Schriftsteller, Dramaturgen, Forscher und letztlich selbst Liedermacher fortfahren, sich seiner zu bemächtigen. Die Zahl der Schriften, welche das Thema Don Juan aufgreifen, ist sehr groß. Die umfangreichste Bibliographie umfaßt etwa 500 Seiten. Die nun wirklich klassische Oper ›Don Giovanni‹ wird noch immer aufgeführt und geliebt, und Don Juans Geschichte beeindruckt auch die anspruchsvollen Autoren, die sich unabhängiger von der Legende wähnen. Wie es immer im Verlaufe seiner Entwicklung gewesen ist, übernimmt der Mythos die Bedingungen der Epoche und nutzt sie.

Infolgedessen konnten die Schriftsteller, die sich mit ›Don Giovanni‹ in den fünfziger bis zu den achtziger Jahren befaßten, nicht auf den politischen Ansatz verzichten, indem sie Vater und Sohn so wie Herr und Knecht nur als direkte Konfrontation sehen und darstellen konnten. Sie sind auch von den zahlreichen, psychoanalytisierenden Auslegungen beeinflußt, welche in Otto Rank und in Pierre-Jean Jouve ihre hauptsächlichsten Vertreter hatten und welche, wie vorauszusehen war, vom Ödipuskomplex mit homosexuellen Tendenzen, von Impotenz und von Erotomanie handeln.

An dieser Stelle ist wohl eine Reflexion über Sinn und Gewicht solcher Betrachtungen angebracht. Wenn es so wäre, daß die Autoren eines Schaustücks anhand dieser ihrer Dichtung oder Bearbeitung einer Fabel stellvertretend in den handelnden Figuren ihres Werkes auf ihren psychischen Zustand hin analysiert werden könnten, wieviel eher gäbe dann der Analytiker *seinen* Zustand preis, wenn er in die Geschichte Deutungen hineinsähe, welche die Autoren mindestens überraschen und vielleicht gar zur Heiterkeit reizen würden? Allenfalls sind die Prototypen auf ihren archetypischen Gehalt hin analysierbar und ist die Psychodynamik der Handlung auf ihre Generalisierbarkeit hin zu untersuchen. Dabei fällt dann vielleicht auch eine Einsicht in die Kompetenz der Autoren ab, die uns Text und Melodie vorstellen und unserer Kritik aussetzen. Psychologie am Phantom kann uns als Studienvorlage dienen, aber so wenig wie in der Pathologie durch die Sezierung ein Leichnam Leben gewinnt, so wenig gewinnt ein analytisch sezierter Text damit Lebendigkeit. Die Oper ›Don Giovanni‹ lebt aber, und zwar durch die Psychodynamik, die in ihrem glücklichen Wurfe steckt, so lange es Menschen gibt, die sich ihrer erfreuen.

Es steht jedem offen, sich persönlich mit einem Handlungstyp der Oper zu identifizieren, als Donn'Anna, Don Ottavio, Donna Elvira, Don Juan oder Komtur seinen Impetus zu thematisieren. All dies mag ja möglich sein, wenigstens in den Phantasien, weil es so gesehen und vorgestellt wird, und also sind Don Juan wie Donn'Anna Figuren, die den Betrachter zur Auseinandersetzung mit sich selbst herausfordern mögen, und sie gehören vielleicht gerade deshalb, durch viele Stilepochen hindurch, zu den schönsten Opernmysterien der Welt.

Bibliographische Hinweise

Zeman H (Hrsg) (1987) Wege zu Mozarts Don Giovanni. Herbert-von-Karajan-Stiftung – Ludwig-Boltzmann-Institut für Österreichische Literaturforschung, Hölder-Pichler-Tempsky, Wien
Luban-Plozza B, Delli Ponti M, Dickhaut H (im Druck) Musik und Psyche – Hören mit der Seele. Springer, Berlin Heidelberg New York London Paris Tokyo

Hans Jürg Kessler
Hypothese einer möglichen Entwicklung des Alls, basierend auf der Absolut-Relativ-Relation[1]

In meiner Modellvorstellung, der A-$\mathbb{R}$-Relation[2], gehe ich davon aus, daß das Absolute A von nicht differenzierter und nicht differenzierbarer Energie, also Einheitsenergie oder einheitliches Arbeitsvermögen, erfüllt ist. Allfällige Bewegungen sind in A nicht erkennbar, da Bezugspunkte fehlen und somit jede Definitionsmöglichkeit dahinfällt.

Der Urknall, somit die Entstehung unseres Seins, des Alls, der Natur und der übergeordneten Größe, dem Relativen $\mathbb{R}$, läßt sich aus einer ›Mutation‹ in der Einheitsenergie von A erklären. Diese mutmaßlich punktuell aufzufassende Mutation hat nach diesem Modell die gesamte Einheitsenergie E_0 in A differenziert: Überführung von A nach $\mathbb{R}$: $A \rightarrow \mathbb{R}$. Wenn nicht gleichzeitig, so doch unmittelbar nach dem Urknall, der Differenzierung der Einheitsenergie, muß in einer ersten Phase das All, in einer daran anschließenden Phase der von mir postulierte Überraum, also der Relativbereich $\mathbb{R}$ aufgespannt worden sein. – Dabei gilt: Das All ist von Geschehen, Natur und somit differenzierter Energie, erfüllter Raum, wobei die Energie fortwährend abgebaut wird. Die abgebaute Energie wird in den Überraum des Alls überführt, wo diese aber bereits nicht mehr differenziert ist. Der Überraum stellt einen Übergang zum Absoluten A dar. Insgesamt bleibt die Summe der Energie in $\mathbb{R}$ erhalten.

Der nun folgenden Überlegung lege ich die Annahme zugrunde, daß sich in $\mathbb{R}$ ein Grundkonzept, ein Grundmodell durchgesetzt hat, welches fortwährend reproduziert wird. Aufgrund der in den Naturwissenschaften gemachten Beobachtungen, ist es meines Erachtens nicht verfehlt, die geschlossene ›stetige‹ Bahnkurve in Verbindung mit

[1] Vortrag zum Herbert-von-Karajan-Symposium 1987 ›Mensch-Musik-Kosmos‹.
[2] A und $\mathbb{R}$ sind Mengenbegriffe, welche die Energie im Absoluten bzw. Relativen ausdrücken.

der differenzierten Energie, der Entwicklung des Alls zugrunde zu legen: Kreis, Kreisabbildung: Ellipse bzw. in der räumlichen Betrachtung Kugel und Ellipsoid. Diese Bahnkurven finden wir sowohl in der Bewegung der Gestirne, als auch im Bohr-Modell wieder. Ebenso hat in der Entwicklung der Energie die Forderung Einsteins in seiner Relativitätstheorie: ›Gleichwertigkeit von Energie und Masse‹, ihren Platz.

Betrachten wir die Bahnkurven als Träger von Energiequanten, so können Schnittstellen dieser Bahnen als Ereignisträger: Geschehnisse in der Natur im Sinne der Fusion oder der Atomisierung des Geschehens interpretiert werden. (Die Tatsache der Fusion finden wir nach wie vor auf unserem Zentralgestirn, der Sonne; es scheint mir aber auch wenig wahrscheinlich zu sein, daß materielle Masse Ausgang des Alls zu sein vermag, vielmehr dürfte sie aus Energiefusion resultieren. Die Tatsache des atomaren Zerfalls in Verbindung mit abgestrahlter Energie ist bewiesen).

Man kann einwenden, daß diese Modellanschauung, entstanden aus dem Blickwinkel philosophisch-naturwissenschaftlicher Betrachtung, weithergeholt ist. Dem ist entgegenzuhalten, daß es aufgrund unserer Erfahrungswerte wenig wahrscheinlich ist, daß z.B. Bahnbewegungen auf geschlossenen Kurven nur in der Astrophysik und der Atomphysik vorkommen. Vielmehr dürfte diese Bewegungsform im Rahmen der Duplizität und eines relativ einfachen Aufbaus der Natur – kompliziert bzw. vielfältiger wird der Aufbau erst durch die Vielzahl der Einflüsse im All (Schnittstellen der Bahnkurven als Energieträger) und die isolierte Betrachtung – in einer umfassenden Betrachtungsweise recht viel häufiger vorkommen.

Legen wir in der Folge meinem Modell über die mögliche Entwicklung des Alls den auf Energie und geschlossenen stetigen Bahnkurven beruhenden Aufbau zugrunde, so läßt sich für die Entwicklung des Alls ableiten:

Je stärker sich das All ausdehnt (pulsiert), desto flacher (ebener) wird dessen Oberfläche (Randzone, Grenze). Gleichzeitig: Je weiter weg wir uns vom Ursprung, dem Ort des Urknalls, bewegen, desto geringer wird die Ereignisdichte (Ereignisdichte: Anzahl Ereignisse pro Raumeinheit), da die Anzahl Schnittstellen mit flacher werdendem Raum ebenfalls abnimmt, bis sie im Extremfall 0 wird. Diese Abnahme der Ereignisdichte bedeutet aber nach meiner vorgenommenen Zeitinterpretation, daß die Zeit gegen den Rand des Alls hin langsamer verläuft (Zeit: Raster, der auf vereinfachte Art und Weise die Anzahl Ereignisse wiedergibt). Nach Einstein muß demnach in dieser Randzone die lineare Ausdehnung im Ereignisraum, die Geschwindigkeit in demselben, zunehmen. Dies scheint logisch. – Gehen wir davon aus, daß in einem ›Ereignisteilraum‹ nur ein Ereignis stattfindet, daß die beiden sich kreuzenden Bahnkurven, Energiebahnen, nur einen Schnittpunkt haben, so müßte gefolgert werden, daß die beiden vorausgesetzten Energiebahnen anschließend fehlendem Bezugspunkt zufolge nicht mehr differenzierbar sind und somit zu einheitlicher Energie werden. Ist der Wachstumsimpuls der nachgeführten Energie zu gering, so entsteht ein Ereignismanko, welches bedingt, daß die entstandene Einheitsenergie im Relativen bzw. im All abgebaut und in den Überraum überführt wird. Damit verbunden läßt sich eine harmonisch pulsierende Bewegung, ›pulsierendes All‹, feststellen. Nur eine verstärkte Energiezufuhr (Erhöhung des Wachstumsimpulses) vermag im fortwährend größer werdenden ›Neuraum‹ mit größeren Ausdehnungen die Energieversorgung zur Aufrechterhaltung des Raumes zu gewährleisten, was nichts anderem als einer Zunahme der Geschwindigkeit der Energieversorgung, des Energienachschubs, gleichkommt. – Somit läßt sich ein weiterer Ort des Energieabbaus im All festlegen. Ein weiterer Energieabbau findet durch die fortwährende Atomisierung des Geschehens in der Natur statt (Pascal Jordan).

Balduin Schwarz Musik – Sprache des Unaussprechlichen
Einige philosophische Reflexionen

Ich möchte diesen Reflexionen eine persönliche Erinnerung voraus-
schicken.

Herbert von Karajan hatte das erste Symposium im Anschluß an
die Osterfestspiele 1968 zusammengerufen. Es fand in Salzburg in
einem der herrlichen Säle der ehemaligen fürst-erzbischöflichen Resi-
denz statt. Heisenberg hatte uns einen sehr beeindruckenden Vortrag
gehalten, in dem der Adel seiner Persönlichkeit und die tiefe Verbundenheit seines Geistes mit der Musik zum Ausdruck kamen. Dann
meldete sich in der Diskussion ein ideologisch verkrampfter Journalist
– man schrieb das Jahr 1968 – und verkündete, daß die Musik nichts
anderes sei, als ›permanente Revolution‹. Darauf meldete ich mich und
erklärte, daß man die Musik nicht auf einen soziologischen Vorgang
zurückführen könne, daß sie vielmehr der Kreativität der geistigen
Person entstamme. Es sei das Schöpferisch-Personale, das der Abfolge
und dem Zusammenklang von Tönen das Neue einhauche, das sie zu
Musik werden läßt. So werde sie auch durch den schöpferischen
Musiker in die Verwirklichung gehoben und so auch vom Hörenden
aufgenommen – vernommen.

Es war notwendig, auf die Intervention gleich einzugehen, um die
Grundposition des Symposiums im Sinne von Herbert von Karajan
klarzustellen. Die Zielsetzung des Symposiums, nämlich die Aufgabe
der Herausarbeitung wissenschaftlicher Erkenntnisse über die Musik,
darf nicht mißverstanden werden: es soll nicht ein Syndrom von
Faktoren herausgearbeitet werden, deren Gegebensein verbürgt, daß
eine bestimmte Tonfolge sich als Musik konstituiert. Es geht nicht an,
die Musik ›zurückzuführen‹ auf etwas außer ihr Liegendes in dem
Sinne: Musik ist als Musik ›erklärbar‹ durch diesen oder jenen
angebbaren oder gar meßbaren außermusikalischen Faktor.

Die Intervention brachte ein Beispiel von dem, was man geradezu
als Gegenposition zum Geist des Herbert-von-Karajan-Symposiums
betrachten kann, ein Beispiel des Reduktionismus, der Rückführung

des Phänomens ›Musik‹ auf etwas, was einer anderen Seinsordnung angehört.

Herbert von Karajan hat damals gesagt: ›Das geheimnisvolle Sein, das wir Musik nennen, ist in uns und wird von Außen an uns herangetragen.‹

Grundhaltung des Symposiums sollte sein, der Vielfalt einschlägiger Gesichtspunkte Raum zu geben, die Musik bald von dieser, bald von jener Seite her methodisch zu untersuchen, der Starrheit des Reduktionismus eine ›lockere‹ Untersuchungsmethode entgegenzustellen. ›Locker‹ – das Wort fiel in Gesprächen mit Herbert von Karajan, in denen es darum ging, die Vorgehensweise der Symposien zu bestimmen. Nicht aufgrund eines zuvor festgelegten Systemschemas sollten die Beiträge vorgetragen und diskutiert werden, sondern in freier Folge, wie sie sich von der Sache her ergibt, und zwar gerade auch so, daß eine Fragestellung erst den Blick für eine andere freilegt. Gerade die Vielfalt der vorgesehenen und der zuvor noch nicht vorgesehenen wissenschaftlichen Forschungsgesichtspunkte – sozusagen die Vielfalt der als einschlägig betrachteten ›Parameter‹ – bezeugt: hier geht es nicht darum, das Wunder der Musik zu entzaubern, das Geheimnis zu lüften, sondern das Vorgegebene, die Musik, die wir kennen, wissenschaftlich – vor allem naturwissenschaftlich und philosophisch – zu beleuchten und ›anzuschauen‹ und nicht etwa zu versuchen, sie zu ›durchschauen‹. C.S. Lewis sagt: ›Wer alles durchschaut, sieht nichts.‹

Musik ist ein Humanum. Sie geht vom Menschen aus und *ist* im Menschen. Wie alle Kunst ist Musik ›Sprache‹, sinngeladene Äußerung des Menschen. Indem wir uns auf die Musik besinnen, besinnen wir uns auf den Menschen. Nicht alle Tonfolgen sind Musik. ›Was ist das, was eine Abfolge von Tönen zu Musik macht?‹ Dies war die Grundfrage, die Herbert von Karajan immer wieder in den Mittelpunkt der Diskussion der nachösterlichen Symposien, die seinen Namen tragen, gerückt hat, oft in einem warnenden Sinne: ›Glaubt nicht, daß wir, wenn wir dieses und jenes bezüglich der Musik erkennen und unser Wissen erweitern – vielleicht erheblich erweitern –, eine abschließende Antwort gefunden haben auf diese Grundfrage. Gerade weil auf diese Frage nicht eine Antwort zu erwarten ist vom Typus ›X ist eine Funktion von Y‹, erwies sich die oft unausgesprochen und unerörtert bleibende, aber immer irgendwie gegenwärtige Grundfrage als erregendes Stimulans auch für die empirische Erforschung der Musik und dessen, was mit ihr im Zusammenhang steht.

Mit der offenen Grundfrage als Horizont drängt es die Einzelforschung zu eruieren, was es an notwendigen Bedingungen für das Hervorbringen und Vernehmen von Musik gibt. Wir können die besondere Natur der Schallwellen untersuchen, die die Musik unserem Hörorgan zutragen. Ferner: das Gehörorgan ist in seiner ungemein subtilen und komplexen Natur vorausgesetzt, seine Natur ist notwendige Bedingung für das Zustandekommen eines Musik-Erlebens. Über die Natur des Organs und die Ereignisse in ihm, die neurophysiologische Vorgänge im Gehirn auslösen, wissen wir sehr viel genauer Bescheid, seitdem wir die Hilfsmittel haben, die die Computertechnik uns an die Hand gibt.

Und dann können wir wieder beginnen – sozusagen am anderen Ende der dunklen Strecke, die zwischen Gehirnvorgängen und bewußtem Erlebnis liegt – und die komplexe Natur des Musik-Erlebens erforschen – vieles, was für das Wesen von Musik relevant ist. Wir können etwas Licht bringen in die *notwendigen* Bedingungen für das ›Musik-Sein‹ einer Ton-Zeit-Struktur, nicht aber die *hinreichenden* Bedingungen. Wir können ihr Geheimnis nicht durchschauen.

Die Referate und Diskussionen des Symposiums gehen gleichsam auf die Musik *zu*, während die Musikwissenschaft, die Musikologie von ihr *aus*geht. Die Musikwissenschaft hat die bestehende Musik als den ihr vorgegebenen Gegenstand; sie zu analysieren unter den verschiedensten Gesichtspunkten (formalen, typologischen, soziologischen, historischen usw.) ist ihre Aufgabe, während das Herbert von Karajan-Symposium fragt: ›Was ist das eigentlich, die Musik?‹ Es umkreist gleichsam seinen Gegenstand, aber tastet ›das geheimnisvolle Seins, das wir Musik nennen, nicht an‹.

Die Wissenschaften, die für die Klärung des Wesens der Musik herangezogen werden, haben außer der Musik noch viele andere Objekte für ihre speziellen Untersuchungsmethoden. Deswegen ist die Erinnerung daran, daß es sich um Erhellung eines nur im realen Vernehmen erfahrbaren Gegenstandes handelt, so wichtig. Erlebte Musik ist also Zielpunkt der wissenschaftlichen Bemühungen des Symposiums. Hier wird die Musik – von ihrer Entstehung bis zu ihrem Erlebtwerden im Vernehmenden – begleitet. Man könnte gleichsam von einem Interview sprechen, das die Musik den Wissenschaften gibt, oder vielmehr von einer Kette von Interviews. Immer neu wird sie befragt, was sie sei. Und nur sie selber – die im Erleben als Musik erfahrene Ton-Zeit-Gestalt – kann über ihr Sein Auskunft geben.

Der auf das Sein von Musik gerichteten Forschung gilt das Interesse des Karajan-Symposiums. In diesem Sinne geht es um Ontologie – um eine Seinslehre der Musik.

Daß Musik ein Humanum ist, besagt ja ganz ausdrücklich – nicht nur nebenbei: sie hat mit dem leib-geistigen Wesen zu tun, das den Namen ›Mensch‹ trägt. Sie ist mehr noch als andere Arten von Kunst – z. B. die Dichtkunst – ein Werk des *ganzen* Menschen, des geist-beseelten Lebewesens. Deswegen gibt es hier so viel zu erforschen.

Musik ist an physische Ereignisse, an Vibrationen der Luft gebunden. Der Komponist legt ihre Art und Abfolge fest, und zwar mit Hinblick auf etwas, was sich im Innern eines Menschen ereignen soll: die erlebte Musik. Er legt fest und weist den aufführenden Musiker an, welche physischen Ereignisse stattfinden sollen, um die von ihm konzipierte Ton-Zeit-Gestalt im Inneren eines Menschen hervorzurufen, eines Menschen, der disponiert ist, sie zu vernehmen.

Die Frage ist also: Was ist das eigentlich, die Musik?

Das Wort ›eigentlich‹ soll hier die Fragerichtung angeben. Wir fragen: ›Was ist das Eigene der Musik? Was ist es, das ihr und nur ihr zueigen ist?‹. Was macht ein beliebiges ›temporales Bezugssystem von Tönen‹ zu Musik? Das aber heißt: wir fragen nach dem *Wesen* der Musik.

Gegeben ist uns Musik nur in der Erfahrung – in der spezifischen Musik-Erfahrung. Soll das besagen: Wir ›erfahren‹ das *Wesen* der Musik in der Musik-Erfahrung? Ja – richtig verstanden, ist dies eine durchaus adäquate Ausdrucksweise. Aber werden denn nicht traditionell ›Erfahrung‹ und ›Wesenserkenntnis‹ als zwei durchaus distinkte Erkenntnisarten betrachtet? Erfahrung gibt uns doch ein hier und jetzt Anwesendes, zum Beispiel ›die Ouvertüre zur Zauberflöte‹ oder ›die Achte von Bruckner‹, während Wesenserkenntnis ein Allgemeines betrifft, und um dieses geht es uns ja in philosophischen Reflexionen. Darauf ist zu sagen: Wesen ist uns im Besonderen mitgegeben, in jedem Besonderen, das dieses Wesens ist. Es ist uns, wann immer es uns gegeben ist, ›mit-gegeben‹ mit dem, was das hier und jetzt Erfahrene kennzeichnet. Indem ich die Ouvertüre, die Symphonie als Musik *erfasse* – allerdings nur dann und nicht wenn ich sie nur höre –

habe ich ja sozusagen ›mitbekommen‹, daß hier das ›Etwas‹ anwesend ist, das wir suchen; daß hier etwas ›waltet‹, was einem beliebigen temporalen Bezugssystem von Tönen fehlt.

Für die Musikwissenschaft sind die beiden genannten Musikwerke spezifische Objekte der Erforschung, und zwar unter einer Vielfalt von Gesichtspunkten. Für uns sind sie austauschbare Beispiele von Musik überhaupt – günstige Beispiele, weil das Musiksein hier außer Frage steht. Sie dienen uns nur zur Sicherstellung der Erfahrungs-grundlage unserer Reflexionen, und zwar für die Ermöglichung der Kommunikation über das, was uns grundsätzlich nur im eigenen, im je-meinigen Erlebnis zugänglich ist. Sie werden als Beispiele angeführt im Sinne von ›So etwas meinen wir wenn wir von *Musik* sprechen und nach ihrem Wesen fragen.‹

Dabei machen wir eine Voraussetzung – sie ist eine sehr gewichtige. Wir setzen nämlich voraus, daß wir uns auf *echte* Musikerfahrung beziehen – beziehen können und nicht etwa auf sentimentale oder anders verfälschte.

Die Erfahrung – auch die nur vorgestellte, das was Thomas ›phantasma‹ nennt – gibt uns ein Vorwissen, auf das wir in der philosophischen Reflexion zurückgreifen, ein Vorwissen, das solche Reflexion erst ermöglicht und ihr ihre Sachbezogenheit verleiht. Dieses Vorwissen gilt es zu erhellen. Platon nannte das philosophische Erkennen ein ›Sicherinnern‹. Ihm steht in unserer Sprache das Wort ›sich besinnen‹ nahe.

Es hat sich oft als ein guter Weg erwiesen, um der Antwort auf eine philosophische Frage oder – wie in unserem Falle – ihrer Erhellung näher zu kommen, die *Sprache* zu befragen; in unserem Falle also die griechische, der wir ja das Wort ›Musik‹ verdanken. Das Wort wird zu-nächst adjektivisch gebraucht und erscheint in der Verbindung ›musikē téchnē‹. Diese Art der Wortverbindung ist etwas ganz Ungewöhnli-ches. Eine ›téchnē‹ – eine Befähigung, etwas hervorzubringen – wird im allgemeinen vom Ergebnis her bezeichnet. Hier aber erfährt die spezifi-sche ›Befähigung‹ ihren Namen von ihrem schöpferischen Ursprung. Sie ist ›musikē‹. Die Musen müssen gegenwärtig sein, denn ein Werk, ein ›ergon‹, wie das, was gerade vernommen wurde, kann der gewöhnli-chen menschlichen ›enérgeia‹, der Wirkkraft für das Machbare, allein sein Dasein nicht verdanken. Es ist menschliches Werk, aber unter göttlichem Anhauch. So jedenfalls erlebt es der Vernehmende.

Das Entscheidende ist dies: es ist eine besondere – von allem Gewöhnlichen abgesonderte – erlebte Qualität, die das Musikwerk von anderen sonstigen Tonabfolgen scheidet. Um eine solche Qualität zu bezeichnen, schöpft die griechische Sprache aus der griechischen religiösen Grundvorstellung: überall da, wo der Mensch die Grenzen seiner Wirkkraft erfährt – im Positiven wie im Negativen – da ist für ihn etwas Göttliches gegenwärtig. Der Sänger, der Rhapsode ist éntheos – ›gottbegeistert‹, ›von Gott ergriffen‹. Das besagt – in poetischer Sprache – zweierlei: etwas Erkenntnistheoretisches und etwas Ontologisches. Das erste ist dieses: wir erkennen die anderen Menschenwerke an dem, was sie zu leisten vermögen. Die Musik aber erkennen wir an der ihr eigenen Qualität, die sich nur dem Erleben offenbart – an nichts anderem.

Wir mögen in unserer Sprache sagen: ›Der dies geschaffen hat, der war ein Begnadeter.‹ Allerdings werden wir so etwas nur gelegentlich sagen. Aber wir nehmen das griechische Wort ›musikē‹ für das ganze Reich der qualitativ herausgehobenen temporalen Bezugssysteme von Tönen und nicht nur für solche Werke, die wir – christliche Terminologie gebrauchend – als ›von einem Begnadeten geschaffen‹ bezeichnen. Auch im Deutschen ist das Wort ›Musik‹ adjektivisch gebraucht.

Indem die Sprache das Einzigartige dieser Qualität auf ihren Ursprung zurückführt, bringt sie indirekt zum Ausdruck: nur im Erlebtwerden ist Musik erkennbar.

Ontologisch betrachtet ist Musik ein Humanum: Es entspringt – inspiriertem – menschlichen Wirken und ist im Menschen, ›baut sich auf‹ in seinem Inneren. Denn die Qualität ›musikē‹ ist nur als Qualität eines menschlichen Tuns, einer daraus entstehenden Gestalt und eines menschlichen Erleben erfahrbar.

Wo ist diese Gestalt?

Es ist immer gut, eine große Sache von entgegengesetzten Aspekten her anzugehen – dann erst lernt man ihre Größe ahnen. Bei der Musik ist es von ihrem Wesen her unausweichlich, von entgegengesetzten Aspekten her an sie heranzutreten. Herbert von Karajan hat in dem oben zitierten Wort auf das Ur-Erstaunliche im Wesen der Musik hingewiesen: ›Das geheimnisvolle Sein, das wir Musik nennen, ist in uns und wird von Außen an uns herangetragen.‹ Musik existiert also im Vernommenwerden als erlebte Musik, aber das, was im Innern geschieht, wird durch etwas hervorgerufen, das von außen dem

Gehörorgan zugereicht wird, etwas, was in seinem So-Sein genau determiniert ist. Differenzen im Erleben sind natürlich vorhanden; sie sind abhängig von individuell-subjektiven Faktoren wie Verschiedenheiten der aktiv-rezeptiven Befähigungen des Vernehmens, der allgemeinen und besonderen Dispositionen einschließlich des Standes der musikalischen Vorbildung, der Hörgewohnheiten, der herangetragenen Erwartungen und dergl. in reicher Vielfalt. Das für das Erleben Dargereichte aber ist ein auf das Erleben hin genau Determiniertes. Es ist so, wie es ist. Sein So-Sein liegt fest. Es hat einen Namen, oder zum mindesten: es kann einen Namen haben, etwa ›Das Forellenquintett von Schubert‹ oder ›Die Klassische Symphonie von Prokfjew‹. Was eindringt in mich, ist ein genau Bestimmtes. Außerhalb von mir ist diese Musik entstanden. Die Luftvibrationen, die das Trommelfell meines Ohres treffen und eine staunenswert subtil-komplexe Abfolge von physisch-physiologischen Vorgängen herbeiführen, diese Luftvibrationen tragen, enthalten, vermitteln, verursachen die vernommene Musik. Jeder dieser sprachlichen Ausdrücke besagt etwas, aber ist für sich genommen unzulänglich. Denn das Verhältnis zwischen der Musik, d.h. diesem bestimmten Musikstück – und den zugeordneten Schallwellen ist etwas Einmaliges. Dazu gibt es in den anderen Künsten keine genaue Entsprechung.

Dreimal ist die Musik im Menschen gegenwärtig: sie *ist* im Geist des Komponisten; sie *ist* im Aufführenden; sie *ist* im Vernehmenden.

Natürlich kann diese dreifache Gegenwart in einer Personalunion von schaffendem, aufführendem Musiker, der auch ein Vernehmender ist, gegeben sein: ein Hirtenknabe singt sich ein Lied nach seinem Sinn, oder Bruckner improvisiert an der Orgel von St. Florian.

Aber auch wenn die drei nur ein Mensch sind, ist die Musik doch dreimal gegenwärtig: als konzipierte, als aufgeführte, als vernommene. Wir können diese drei Präsenzen nicht getrennt analysieren, zu sehr ist alles mit allem verwoben.

Die einzelwissenschaftliche Erforschung muß sich an der philosophischen Klärung des Wesens der Musik orientieren. Wie aber können wir das ›Wesen der Musik‹ gedanklich erhellen? Es in einer Reihe von Sätzen abschließend auszusprechen, wird uns nie gelingen. Auch die Philosophie, ja gerade sie im besonderen, muß vor dem Geheimnis der Musik ehrfürchtig verstummen, gemäß dem Wort Goethes: ›Das höchste Glück des denkenden Menschen ist, das Erforschliche erforscht zu haben und das Unerforschliche still zu verehren.‹ Philosophische Überlegungen können das, was sich von der Sache her zeigt, ins Licht des Bewußtseins heben. Die Philosophie darf nie versuchen, ›dahinter zu kommen‹ und das Gegebene mit Theorie zu verdecken. Das wird um so mehr gelingen, je mehr der Denkende bereit ist, das Geheimnis der Musik ›still zu verehren‹.

Wir können uns deswegen auf das Wesen der Musik besinnen, weil wir sie aus der Erfahrung kennen. Nun sind wir – so will es scheinen – im Falle der Musik in einer für unser Forschen wenig günstigen Lage. Wir kennen die Musik nämlich durch das Musik-Erleben; es gibt im letzten keinen anderen Zugang zu dem, was Musik ist, als das eigene Erleben. Erlebnisse aber sind inkommunikabel. Wir sind in unserem Innern bewegt; es gehört zum Wesen der Musik, daß sie ein den Menschen Bewegendes ist. Damit ist jedoch nicht das letzte Wort gesagt. Wenn ich mich im philosophischen Nachsinnen über mein Musik-Erleben beuge, indem ich es zuvor mir vergegenwärtige, ist mir bewußt: zugleich mit meiner subjektiven Bewegtheit mache ich auch eine Erfahrung von etwas Objektivem. Ja, es gehört zum Ganzen meiner Musik-Erfahrung, daß ich meine Bewegtheit als eine ›emotionale Wert-Antwort‹ (v. Hildebrand) auf etwas erfasse, das seinen Ursprung nicht in mir hat. Von diesem, was auf mich und in mich von außen einbricht, um sich in mir zu entfalten, und indem es sich entfaltet, mich bewegt, von diesem habe ich eine Erfahrung. Es wird von mir erfahren nicht nur als diese besondere einmalige Tonkonfiguration – dieses Lied, dieses Trio – sondern auch als etwas von allgemeinem Wesen; es ist ein ›Fall‹ der Gattung Musik. In jedem Musik-Erlebnis ist mir ›Musik‹ – ihr Wesen – gegenwärtig. Dies ist es, auf das wir uns geistig richten wollen. Es ist jene Art von Besinnung, die wir schon jetzt geübt haben, nämlich in der Reflexion über das Wesen von ›Erlebnis‹ und ›Erfahrung‹. Musik als etwas Erfahrenes, dies ist es, was wir eigentlich meinen, wenn wir ›Musik‹ als Hauptwort gebrauchen. So werden wir in der philosophischen Besinnung immer von der erlebten Musik ausgehen; wir wollen trachten, sie sozusagen immer bei uns zu behalten. Wir haben damit auch unseren spezifischen Gegenstand gekennzeichnet.

In diesem Sinne also stellen wir die Frage: ›Was ist das eigentlich, die Musik?‹ Dabei werden wir nicht eine Definition anstreben, vielmehr eine Erhellung ihrer Wesens-Elemente.

›Musik ist ein Humanum‹ besagt auch dieses: am Anfang jedes Gefüges, das als Musik vernehmbar ist, steht ein Mensch, ein bestimmter Mensch, auch wenn wir seinen Namen nicht kennen. Aus der Vielfalt der Möglichkeiten, Tonelemente in zeitlicher Sukzession zu organisieren, hat er eine bestimmte ausgewählt und sie ›gesetzt‹ – nicht willkürlich, sondern weil er eine gewisse Notwendigkeit dieser Konstellation – dieser ›Zusammen-Sternung‹ – erfaßt hat, weil sie ihn erfaßt hat.

Der Komponist fügt etwas, was er gleichsam geistig empfangen hat, zur Gestalt des Werkes. Das Musikwerk ist keineswegs die einzige Form, in der Musik Wirklichkeit gewinnt: ein Volkslied, indische sakrale Weisen, Gregorianischer Choral und vieles andere ist Musik, ohne ›Musikwerk‹ zu sein. Immer ist menschliche Gestaltungskraft ›Ursprung‹ der Musik, auch wenn wir den oder die Gestaltenden nicht kennen.

Aber im Musikwerk ist Musik als solche am deutlichsten erfaßbar. Obgleich geschichtlich das ›Musikwerk‹ im eigentlichen Sinne sich relativ spät konstituiert hat und keineswegs identisch ist mit der Musik, die über die Erde und durch die Zeiten hin erklungen ist – und das in unvorstellbarem Reichtum – so ist es doch durch seine Prägnanz, durch die Ausformung aller Elemente, die für die Musik wesentlich sind, durch die Zugänglichkeit und Bekanntheit der zu benutzenden Beispiele für uns am hilfreichsten, um ein wenig dazu beizutragen, ›das Erforschliche zu erforschen‹.

Zunächst ist das Musikwerk als Konzipiertes im Künstler in seinem bewegten Inneren, im lebendigen Geiste wie ein eigener Organismus, nach seinen eigenen Gesetzen wachsend. Je mehr das Kunstwerk organisch wächst und nicht – wie ein technisches Werk – konstruiert wird, um so mehr ist es ein wahres Kunstwerk. Seine Organizität ist seit den Tagen, da man den ästhetischen Rationalismus abzulehnen begann, weil man seine Unzulänglichkeit durchschaute, immer wieder hervorgehoben worden, bis zu den Tagen des neuen Rationalismus, der ›Zweiten Aufklärung‹. So lange das Kunstwerk noch nicht vollendet ist, investiert der Künstler eine besonders intensive geistige, geistig-organische Arbeit. Er kann sich dabei als eine Art Durchgangsstelle erleben. Seine ›Arbeit‹ besteht oft in einer Art inneren Hinhörens auf das, wohin das Musikwerk will, seiner eigenen ›geprägten Form‹ nach.

In diesem seinen Eigenwesen gibt es zugleich Zeugnis von der Persönlichkeit des Künstlers. Es trägt gleichsam seine geistige Signatur, die uns sagen läßt: dies ist Monteverdi, dies Heinrich Schütz, dies Corelli, dies Debussy.

Im Nennen dieser Namen ist auch zugleich hingewiesen auf die Zeitsignatur. Und auch die Gemeinschaft, der Boden, auf dem diese besondere Musik erwachsen ist, prägt sich aus: Gregorianik trägt die Prägung der benediktinischen Mönchsgemeinschaft, Janáček die Prägung des tschechischen Volkes.

Der Komponist fügt die Tonelemente im Hinblick auf das Erstehen einer vernehmbaren Tongestalt: er ist Kom-ponist, d.h. er ›setzt‹ (ponere) die Musikelemente so, daß sie ein Ganzes werden; das ›con‹ (com) bedeutet, daß er sie nicht willkürlich, irgendwie festlegt, sondern im Hinblick auf ein Ganzes: die Tongestalt. Freilich läßt das Wort ›com-ponere‹ das Außerordentliche des Vorgangs nicht erkennen.

Goethe hat in einem Gespräch mit Eckermann das Wort ›komponieren‹ ›ein ganz niederträchtiges Wort‹ genannt, denn es kennzeichnet den organisch-geistigen Schaffungsvorgang ganz und gar nicht. Im gleichen Gespräch sagt Goethe vom Musikwerk:

›Eine geistige Schöpfung ist es; das Einzelne wie das Ganze aus *einem* Geist und Guß und von dem Hauch *eines* Lebens durchdrungen, wobei der Produzierende keineswegs versuchte und stückelte und nach Willkür verfuhr, sondern wobei der dämonische Geist seines Genies ihn in der Gewalt hatte, so daß er ausführen mußte, was jener gebot‹.

Goethe hat hier das Wesentliche gesagt – im Negativen sowohl wie im Positiven. Die Gestaltung, das Zur-vollen-Verwirklichung-bringen des ›Einfalls‹, der die Urzelle und geistige Mitte des entstehenden Werkes ist, geschieht nicht im Zusammensetzen von einzelnem auf einen außerhalb liegenden, zu erfüllenden Zweck hin, wie beim Konstruieren einer Maschine, die etwas zu leisten hat. Sie muß ›funktionieren‹. Das Kunstwerk dagegen ist eine Gestalt. Die Gestalt trägt ihren Sinn in sich selber.

Lange ehe Musik tragend wurde in Kult und Riten als Medium tiefster Ehrfurchtsbezeugung und, wie bereits gesagt, von dorther ihren Namen empfangen hat, ist sie historisch-phylogenetisch im spontanen Singen hervorgetreten.

Musik dringt aus der Kehle eines singenden Menschen, und sie dringt auch wieder durch das Ohr in den Menschen ein – er hört sich selber. Es gibt viele Weisen, die Luft in Vibration zu bringen. Aber nur selten entsteht ein reiner Ton. Das Singen ist die Urweise, das Wunder des reinen Tons hervorzubringen und dann die Töne in ihrer Abfolge frei zu fügen, so daß die Melodie entsteht. Goethe läßt seinen ›Sänger‹ sagen: ›Ich singe, wie der Vogel singt‹. Noch mehr als der Vogel ist der Mensch singend. Denn die Tonfolge des Vogels, so wunderbar sie sein mag, ist weitgehend artgebunden. Der Mensch hingegen kann Melodie schaffen in freiem gestaltendem Spiel. Wie ausdrucksstark ist das Wort ›Melodie‹: ›melos‹ ist der Wohlklang, ›oidáo‹ das Singen im Sinne von ›einen Luftstrom schwellen machen‹. Die Melodía ist die aus der menschlichen Brust hervorschwellende, im Atemrhythmus voranschreitende und im Voranschreiten dichter werdende lineare Tongestalt. Die Beziehungen, die Spannungen, die zwischen den Tönen enstehen durch Tonhöhendifferenz und Zeitmaß, formen sich im Hör-Erlebnis zur Einheit der Melodie. In ihren Wendungen, herbeigeführt durch den immer neuen Wechsel – oder auch einmal Nichtwechsel – der Tonhöhen und dem damit vereinten Pulsieren oder Drängen und Zögern in der zeitlichen Abfolge, entfaltet sich die Melodie und geht auf ihr Ende zu. Der Singende, wenn er etwas singt, das den Namen ›Musik‹ verdient, hört nicht einfach auf zu singen. Die Weise, die er singt, strebt hin auf dieses Ende. Es ist sogar so: es ergibt sich im Hör-Erlebnis eine gewisse Antizipation dieses Endes, analog der Gerichtetheit auf das Ende hin, die für ein echtes Drama kennzeichnend ist. Die Melodie ist eine Musikgestalt und nicht nur Material – mehr oder weniger brauchbares Material – für eine solche, wenn sie ihr Ende sozusagen schon vom Beginn an in sich trägt. Darin gleicht sie einem jeden Gebilde, das – buchstäblich oder bildlich – Leben in sich hat. Die ›Quasi-Substanz‹ des Musikwerkes (Hildebrand) hat in sich ein Quasi-Leben. Schon die Urzelle der Musik, die Melodie hat ein solches Quasi-Leben. Wie der Organismus ein raumhaft in sich Beschlossenes ist, so ist er es auch der Zeitdimension nach. Das gilt auch für organoide Gebilde wie das Musikwerk.

Im gemeinsamen Singen wird der Akkord geboren, zur Spannung im Nacheinander tritt die akkord-interne Spannung in der Gleichzeitigkeit und zugleich ergeben sich neue Hör-Erlebnis-Möglichkeiten der Akkordabfolge. Der Intervallaufbau wirkt sich aus in einer neuen

Dimension. Die Spannung von Konsonanz und Dissonanz (etwa das Drängen auf Auflösung hin, das die Septime im Dominantseptakkord erzeugt, und all das andere, was in der Harmonielehre behandelt wird) kann nun fortschreitend für das Musikschaffen und das Musik-Erleben tragend werden. Wagner hat recht, wenn er sagt, die Melodie sei der Ursprung aller Musik. Vom Hirtenlied bis zur Einleitungsmelodie der Tristan-Ouvertüre und dem Wunder der Schalmeienmelodie zu Anfang des dritten Aktes ist es ein langer Weg. Es gibt gültige, bleibende Gestalt in jedem Abschnitt dieses auch über Wagner hinaus-führenden langen Weges. Das gehört zur zeitlosen Gültigkeit jeder wahren Musik, auch wenn periodenweise das Verstehen vorausgehender Musik weitgehend versinkt. Die Bach-Söhne verstanden den Altmeister Johann Sebastian nicht mehr so recht.

›Melodie‹ ist keineswegs nur Abfolge von Wohlklang. Der Wohl-klang ist, zusammen mit dem Rhythmus, nur Material für Musik. Hildebrand spricht in diesem Zusammenhang von ›Schönheit erster Potenz‹. Die vom Singenden ausgesandten Schallwellen sind erst in gestalteter Geordnetheit die Urschallwellen der Musik. Der geistig-vital durchseelte Atem bringt die Musik hervor, und er muß gleichsam bei ihr bleiben, auch wenn sie von ihrem Urereignis weit fortgewan-dert ist und ihr Bereich eine Ausweitung erfahren hat von ungeheurem Ausmaß. Die Melodie ist etwas vom menschlichen Geist Durchseeltes – und auch die vom Melos denkbar weit sich entfernenden Tonfolgen müssen das Signum der geistigen Durchseeltheit tragen, sollen sie würdig sein, Musik genannt zu werden. Der Atem darf ihnen nicht ausgehen.

Musik ist ein Humanum. Das besagt vor allem auch dies: Es ist die geistige – vital geistige – Person, der Mensch – nur er –, dem es gegeben ist, strömend-vibrierende Luft so zu ordnen – direkt im Singen, indirekt im instrumentalen Musizieren und im Dirigieren –, daß eine Zeitgestalt entsteht. Eine ornamentale Klangfigur kann auch anders entstehen. Um Musik zu sein, muß sie vom menschlichen Geist geprägt sein, das menschliche ›pneuma‹ muß in ihr wohnen, auch dann, wenn das Werk einem ganz anderen inneren Gesetz untersteht als dem einer gesungenen Melodie.

Der Geiger Sandor Végh hat einmal gesagt: ›Was nicht atmet, lebt nicht. Auch in der Musik: das Phrasieren atmet, die große Linie ist aus einem Atem.‹ Ravel schreibt:* ›Ich war immer der Ansicht, ein

Komponist solle das niederschreiben, was er fühlt und wie er es fühlt – ohne Rücksicht auf den zur Zeit herrschenden Musikstil. Ich hatte immer das Gefühl, daß große Musik vom Herzen kommen muß. Musik, die nur mit Technik und dem Verstand geschaffen wird, ist das Papier nicht wert, auf das sie geschrieben wird.‹ So der große Meister, dem man gewiß nicht vorwerfen kann, er sei ein sentimentaler Schwärmer gewesen. Der ›Bolero‹ – Fließgleichgewicht im Regelkreis – läßt keinen Zweifel darüber aufkommen, was Ravel meint, wenn er vom ›sentiment‹ spricht. Etwas später fügt er hinzu: ›Warum muß das Häßliche eines Zeitalters seinen Widerhall in der Musik finden?‹

Es ist freilich ein primitives Mißverständnis, zu meinen, ›das Kunstwerk sei eine Objektivation der Persönlichkeit des Künstlers‹, des Komponisten, ›eine Projektion des Künstlers in seiner menschlichen Eigenart‹. Es ist seine künstlerische Persönlichkeit, die eine Ton-Zeit-Gestalt hervortreten läßt – ihr das einmalige Gepräge gibt.

Der aufführende Musiker führt die Musik herauf in die ›Wirklichung‹. Er führt nicht nur Weisungen aus. Er bringt Lebendiges zum Erklingen und reicht es uns dar zum Erleben. Er muß die Technik beherrschen, die der Wirklichung dient. Je vollkommener sie ist, um so mehr tritt sie als Technik zurück. Die Bemühung um vollkommene Technik sowohl auf der Ebene des aufführenden Musikers wie auch in der Wiedergabe soll als Technik nicht hervortreten. Die beste Technik ist die, von deren Vorhandensein man nichts weiß.

Musik muß genau sein – nichts in ihrer Erscheinung darf zufällig-beliebig sein, aber es muß die Genauigkeit des Lebendigen sein, die in ihr Herrschaft hat – nicht die Genauigkeit des Funktionalen. In eine Maschine gehört nichts hinein, das nicht ihrer Funktion dient. In einem Musikwerk ist alles in ihm und nichts, was nicht seinem Atem angehört, soll in Erscheinung treten – auch nicht die vollendete Technik des Aufführenden.

Die Bewegung – die ja als einheitliche Linie erst im Vernehmen entsteht und damit zum ›Erscheinungscharakter‹ des Musikwerkes gehört – ist bei dem Hervorbringenden, dem aufführenden Musiker oft eine analoge ›organische Bewegung‹, d.h. die Bewegungen des Instrumentalisten, die organ-immanenten Ursprungs sind – sein Körper bewegt die Tasten, bläst in das Horn usw. – diese Bewegungen sind den ›Bewegungen‹ der Musik oft mehr oder weniger analog, z.B. beim

Geiger mehr als beim Organisten, am meisten beim Dirigenten, der ja die Agogik des erklingenden Gesamten lenken – dirigieren – muß. Dabei handelt es sich immer noch um die Übersetzung physisch-organischer Impulse – z. B. Bogenstrich – in physisch-mechanische, nämlich in Luftvibrationen verschiedener genau zu determinierender Frequenz, Amplitude usw., die dann wiederholt transponiert werden – in die Schwingungen im äußeren Ohr, in der Cochlea, in den Sensoren des Corti-Organs, den neuroelektrischen Impulsen, die der Großhirnrinde übermittelt werden, bis sie als Quasi-Bewegungen der vernommenen Töne im Bewußtsein als akustische Erscheinung aufgefaßt werden.

Das Wunder unserer Wahrnehmungserlebnisse ist ja immer wieder, daß es ganze Ketten von Ereignistranspositionen gibt zwischen dem Ausgangsereignis und der Wahrnehmung selber.

Das Wort ›Gestalt‹ kommt von ›stellen‹, ein Veranlassungswort für ›stehen‹. Das ›Gestalten‹, das Wort für den Prozeß des Hinstellens eines end-gültig danach stehenden menschengemachten ›Gestells‹, hat seinen psychoorganischen Klang behalten bzw. erworben.

Daheim ist es zunächst in der Welt, in der es Sichtbares gibt, das sein endgültiges Aussehen erlangt hat, vor allem die Menschengestalt, die in der Ontogenese zuende geformte, end-gültige ›End-Gestalt‹.

Das Musikwerk, als Zeitgestalt ist gerade nicht eine hervorgebrachte ›End-Gestalt‹, sondern im zeitlichen Prozeß des auseinander Hervorgehens realisiert sich die Gestalt – der Prozeß ist die Gestalt. Damit ist der Ausdruck Zeitgestalt als ein analoger ausgewiesen. Beim Kunstwerk der ›bildenden Künste‹ ist das Zeitelement nur im Prozeß des Schaffens. Er kommt in der fertigen Gestalt zum Abschluß.

Auch der Komponist benötigt einen solchen Prozeß, um das Musikwerk zu schaffen. Wir wissen, daß Mozart oft rein in Gedanken etwas komponierte und dann lediglich niederschrieb. Die Partitur ist eine annäherungshafte Projektion einer Zeitgestalt (eines Ablaufs von Klangereignissen) auf die Ebene des Sichtbaren und raumhaft Ausgedehnten. Die Bewegungserscheinungen sind keine Realbewegungen, also nicht etwa die im Hörbaren ›erscheinende‹ Bewegungsvielfalt der Aufführenden – diese ist vielmehr Ursache. Sie hat die Erscheinung als Wirkung. Es ist nicht sie, die erscheint. In dieser Erscheinung gibt es nun eine Vielfalt von Bewegtheitsmodi – etwa ›legato‹ und ›staccato‹, um Elementares zu nennen.

Es gehört zur ›Verzauberung‹, die die Musik bewirkt, daß wir aus der konkreten, der ablaufenden Zeit herausgenommen werden. Das Musikwerk hat seine eigene Zeitwelt und sie ist Zeitgestalt, nicht indem sie die normale, die physische oder historische Zeit erfüllt, sondern indem sie sich erhebt, sich aufbaut, sich verwirklicht in einer Zeitdimension, die sie gleichsam selbst schafft. Es ist diese Zeitgestalt, die der Komponist schafft.

Es zeigt sich also, daß der Rezipierende in bezug auf die seinsmäßige Struktur des Musikwerkes eine entscheidende Rolle spielt. Die Noten, die Partitur, sind Anweisungen an die Aufführenden, wann sie was tun sollen. Ihr Tun wird festgelegt – allerdings kann dabei sozusagen nur der Buchstabe eines Textes aufgeschrieben werden. Die Anweisungen, mit Stimme und Instrument Schallwellen – Luftvibrationen – einer bestimmten Art herbeizuführen, müssen ihrem Sinn nach verstanden und ausgeführt werden. Wo ein Dirigent am Werke ist – etwa bei einem großen Orchesterwerk –, muß er Sorge tragen, daß aus einem bloßen Nacheinander ein Sinngebilde wird, etwa aus dem Nacheinander von Tönen die sinnvolle Linie einer Melodie sich formt und eine Phase aus der anderen hervorgeht. Das Kunstwerk muß ja in der Aufführung als Gestalt erstehen bzw. als Gestalt dem Vernehmen dargereicht werden; sie ›erscheint‹.

Hans Sedlmayr schreibt: ›Die Kunstwerke sind nicht da, sie sind nicht gegenwärtig. Um da zu sein, müssen sie erst vergegenwärtigt, erweckt und wiedererweckt werden.‹

In antizipierender Vorstellung der im Innern des Vernehmenden vor sich gehenden Musikerlebnisse schreibt der Komponist die Partitur, die auf den intendierten Sinn hininterpretiert und realisiert werden muß. Alle Anordnungen haben das Musikerlebnis des Vernehmenden als Zielpunkt. Nur hier ›erfüllt‹ sich die Intention des Komponisten. Das musikalische Erlebnis ist gleichsam der Schnittpunkt aller vorausgehender Zurüstungen, so wie ein Bündel von Strahlen sich in einem Punkte trifft. An diesem Punkte ›erscheint‹ das Musikwerk.

Der ›Erscheinungscharakter‹ wird deutlich, wenn man sich klarmacht, daß etwa das reale Nacheinander physisch hervorgebrachter Töne als eine Linie, als Melodie, als Klangfigur ›erscheint‹ und vernommen wird. Die Melodie baut sich auf in der Zeit. Der Aufnehmende wird durch das Werk aufgerufen, gleichsam innerlich mit ihm, dem zugereichten objektiven Werk, mitzugehen, es gleichsam in sich zu vollziehen. Es ist eine kooperative Rezeption notwendig, wie ja schon beim verstehenden Hören oder Lesen von Sprachlichem. Er braucht dabei von dem Tonerzeuger nichts zu wissen.

Das Kunstwerk kann als ›objektive Erscheinung‹ gekennzeichnet werden. Als Kunstwerk ist es nicht ein Stück der konkreten Realität. Es ist – als Kunstwerk nicht ein Ding unter Dingen. Es ist ›Erscheinung‹ – Apparition, Vision – und als solches in besonderer Weise sich an die Sinne richtend, nämlich nicht als Realitätsvermittler, sondern als Empfänger qualitativer Gestaltungen. Der Klang der Oboe in einem Konzert vermittelt mir nicht das Instrument (aufgrund von erworbener Kenntnis kann er das *auch* tun, aber das hat mit der Vermittlung der künstlerischen Erscheinung nichts zu tun) – er vermittelt mir nicht einen mit Dingen verbundenes Ereignis, wie die scheppernden Rohre auf einem Lastwagen das Ereignis ihres Zusammenstoßens. Es erscheint etwas – eben die Gestalt, die wir das Kunstwerk nennen – als es selber, und zwar so wie es ist, also ›objektiv‹.

Die Tonereignisse, in der zeitlichen Intervallabfolge, die der Komponist festlegt, wodurch er die integrierte Ton-Zeit-Gestalt des Musikwerkes schafft, diese Ereignisse geschehen bei der Aufführung während der *einen* ablaufenden Zeit, d. h. dem *einen* Zeitkontinuum, in dem alle Ereignisse stattfinden. Die Aufführung des ›Don Giovanni‹ wird zur gleichen Zeit gesendet wie ein Fußballspiel. Die *eine* Zeit trägt, wie ein kontinuierlicher Strom, viele Schiffe; einige nebeneinander, andere hintereinander. Ein Menschenleben ist z. B. ein solches Schiff auf dem *einen* Zeitstrom. So ist es auch mit einer bestimmten Aufführung eines Musikwerkes. Sie ist auch ein Ereignisschiff auf dem einen Strom der Zeit – sie kann datiert werden.

Diese allgemeine Zeit hat kein Maß in sich selbst. Wir messen immer nur Anfang, Aufhören oder Zeitlänge eines Ereignisses, indem wir diese temporalen Daten mit anderen, z. B. den Positionsveränderungen der Uhrzeiger, in Beziehung setzen. Alle Ereignisse setzen wir letztlich mit typischen, regelmäßig wiederkehrenden normierten Ereignissen in Verbindung (Jahr, Tag, Stunde usw.). So werden Ereignisse in der allgemeinen Zeit, die ja keine ihr einwohnenden ›Teile‹ hat, und daher keinen Rhythmus, datiert. Solche Datierbarkeit gilt auch für ein bestimmtes Musikerlebnis, das jemand zu einer bestimmten Stunde seines Lebens hat, wie auch für diejenigen Ereignisse, welche das Musik-Erleben im Hörenden herbeiführen, das

Geigen und Blasen und Trommeln und Singen. Aber was das Musik-werk zur Zeitgestalt macht, ist eine ganz andere Art von Temporalität. Plessner sagt von den Musikwerken, sie seien ›gezeitigte Gebilde‹. Hier bedeutet ›Zeit‹ nicht das unumkehrbare, aus dem ›Nichtmehr‹ in das ›Noch-nicht‹ strömende Kontinuum, ›in‹ dem ›die Sonnen fliegen‹ und ›die Brüder ihre Bahn laufen‹, wobei das ›in‹, das ein Wort für spatiale Verhältnisse ist, sogleich wieder durchgestrichen werden muß. Auch das Wort ›Kontinuum‹ muß wegen der Unzulänglichkeit seiner Bildfunktion wieder ›durchgestrichen‹ werden. Das lateinische Wort ›Continum‹ für das ›ungetrennt Zusammenhängende‹ appelliert gleich dreimal an räumliche Vorstellungen. Die augustinische Resignation ist im Grunde unaufhebbar: in Worten von allgemeiner Verwendbarkeit, Worten, die für vieles ›zu-treffend‹ sind, können wir von der Zeit nicht sprechen. Sie zielen, aber sie ›treffen‹ nicht ins Schwarze. Im buchstäblichen Sinne ist sie ›einzig-artig‹.

Eine Cellokantilene, der vernommene Trommelwirbel, wenn sie als Partien eines Musikwerkes erscheinen, werden nicht informativ gehört als etwas, was über die Instrumente und ihre Betätigung durch die Musiker informiert. Der Orchesterdirigent, der ja die Umsetzung des komponierten und notierten ›Werkes‹ in koordinierte, ›konzertierte‹ – miteinander im Wettstreit liegende Vibrationsereignisse lenken, ›dirigieren‹ muß, wird hörend darüber informiert (im Feedback), ob die richtigen Ereignisse statthaben, um die notierte Musik in zu vernehmende Musik umzusetzen. ›Richtig‹ müssen sie sein, nicht nur sozusagen dem ›Buchstaben‹ gemäß – das kann der Dirigent voraussetzen –, sondern sie müssen auch den darin verborgenen Sinn zur Erscheinung bringen.

Der Musikvernehmende hört also die Töne nicht als etwas, was über Ereignisse informiert, wie wenn ich sage: ›Ich höre das Vorbeifahren des Zuges‹, ich höre etwas rascheln und frage mich, ›Ist das ein Tier?‹ Die Art des Geräusches vermag mir u.U. Information zu vermitteln über den das Geräusch Verursachenden. Als Musikvernehmender brauche ich nicht zu wissen, auf welche Weise die Klangereignisse und ihre erscheinenden Zusammenhänge einer Musikstruktur zustande gekommen sind. Die Kunst der ›Agogik‹ läßt Tonfolgen als Einheiten für das Vernehmen hervortreten, die auf der Ebene der physischen Ereignisse keine echten Einheiten sind. Sie bewirkt, daß die physische Sukzession als organisch temporäre Einheit

›erscheint‹. Physisch ist sie sogar weniger ›Einheit‹ als die Abfolge von Vibrationen einer Stimmgabel, die einmal angeschlagen wird. Die durch den Bogenstrich hervorgerufenen Vibrationen der Saite der Geige ›wissen‹ sozusagen nichts voneinander. Sie sind lediglich in der atomaren Zeitkontinuität ›nebeneinander‹ und natürlich auch kausal aufeinander wirkend, wodurch aber keine Einheit in der Zeit entsteht. Erst das synthetisierende Vernehmen verwirklicht die Intention des Komponisten, der dem Vernehmenden einen Ablauf, wie den eines Laufenden, eines in seiner Bewegung mit sich selbst identisch bleibenden Etwas, das ›sich‹ bewegt, vermitteln wollte. Der aufführende Musiker muß zunächst die Fähigkeit besitzen, den Komponisten bis in die feinsten Verzweigungen seines Werkes hinein zu folgen und es ›verstehen‹ – ein knapper Ausdruck für ein ungemein komplexes und nuancenreiches Geschehen –, und dann muß er die Fähigkeit haben, das Verstandene so in Vibrationsereignisse umzusetzen, daß die Musik als ›objektive Erscheinung‹ im Vernehmen für den Hörer wirklich wird. Eine Melodiebewegung, etwa die Ouvertüre zu den ›Meistersingern‹ mit dem gewaltigen Crescendo auf das Ende hin, vernehmen wir als Bewegung, und gerade das Crescendo bringt den Ablauf als drängende Bewegung ganz besonders zur Erscheinung – aber *was* bewegt sich?

Hier ist reine Erscheinung von Bewegung. Wir können ihr Prädikate geben wie schnell, langsam, feierlich, freudig. Aber wir können sie nicht – auch bildlich nicht – als Bewegung eines sich Bewegenden verstehen. Es kann natürlich im Tanz, der Bewegung der Musik ein sich Bewegender zugeordnet werden, aber auch dann ist die Melodielinie nicht seine Bewegung. Dem organischen wahrgenommenen Zusammenhang entspricht kein realer Organismus, kein Etwas, das schon da war, bevor es sich bewegte, und das auch wohl noch dasein wird, nachdem es aufgehört hat, sich zu bewegen, da es durch seine Bewegung angekommen ist an einem Ziel, wonach es ihm verlangte. Die Bewegung eines sich Bewegenden hört auf. Eine Musikgestalt erreicht das ihr immanente, das ihr zugehörende Ende. Sie ist vollendet. Dieses Ende gehört als letzte Phase zu dem einen Ganzen dieser Musik.

Wenn die Musik mit dem Erklingen des ersten Tones sich erhebt in der Erscheinungszeit, die sie gleichsam aus sich erstehen läßt, ist ihre Entfaltungslinie ›reine Bewegung‹ – organisch durch Dauer und

Zwischenraum und Pausen gestaltete Bewegungsfigur. So wie sie erst anhebt, sobald der gewöhnliche Zeitfluß verbannt ist, und durch Stille das Erscheinen einer anderen Zeitwelt ermöglicht wird, erhebt sich die Bewegung und drängt voran – geschwinde oder zögernd oder plötzlich und abrupt oder gleichsam wie mit einem freudigen Sprung, wie in der Sechsten von Beethoven, oder leise, in einer wiegenden Melodie, das große Emporsteigen der Bewegung vorbereitend, wie etwa im a-moll-Quartett von Schubert.

Reinhard Schwarz-Schilling schreibt: ›Bei Bruckners IV. Symphonie setzt gleich mit ihrem Beginn eine wundersame Verzauberung ein: das Wunder, daß die vollkommene innere Stille selbst klanglich erfahrbar gemacht werden kann. Das in der Symphonie aus der Unhörbarkeit gleichsam ohne Einsatz sich lösende, zuerst kaum wahrnehmbare tiefe Es-Dur-Tremolo der Streicher wird Symbol dieser Stille ... Bei Bruckner tritt in die klingende Sphäre der Stille das warme, naturhafte Horn-Thema ein.‹

Sedlmayr hat darauf hingewiesen, daß entgegen einer oberflächlichen ersten Schau nicht in der bildenden Kunst, sondern in der Musik der nähere Bezug zur Wirklichkeit liegt. Das Bild ist zwar da – im Raum –, aber was in ihm Kunstwerk ist, vollendet sich nur im Geiste und wird vermittelt durch das dem Bilde äußerlich bleibende Wort der Interpretation, während das Musikwerk ›durch das Aufführen, das ›Spielen‹ des Werkes ... neu auch vor das leibliche Ohr tritt‹ (p. 97).

Als komponiertes Werk – in seiner bestimmten Gestalt gerade *so* vom Komponisten geschaffen – hat das Musikwerk eine höchst eigenartige ›Daseinsform‹. Seit 1729 gibt es ›Bachs Matthäus-Passion‹. Wo ist sie? In der Partitur? Sicherlich nicht, denn diese legt ja nur ihr ›So‹ fest und vermittelt dieses ›So‹ dem Aufführenden, damit er sie ›heraufführt‹ und dorthin geleitet, so ihr So-Sein eine bestimmte, eigenartige Form des Daseins findet, er geleitet sie zum Erscheinen im Hörenden. Was als ein Gestaltetes aus einem menschlichen Geist – dem Bachs – hervorgegangen ist, wird in der Aufführung der Realisierung zugeleitet, nämlich dem realen Vernommenwerden zu einer bestimmtem Zeit, an einem bestimmten Ort von real hörenden Menschen. Dieses Vernommenwerden ist seine ›Daseinswerdung‹. Wie geheimnisvoll ist das ›Sein‹ eines Musikwerkes?

Wir nannten das Musikwerk eine ›Zeitgestalt‹. Was ist das, eine ›Gestalt‹? Wir verwenden das Wort, wo wir ein Ganzes als etwas innerlich Geeintes kennzeichnen wollen. Prototyp der Gestalt ist der lebendige Organismus. Das Musikwerk ist ›Gestalt‹ durch die Wechselbeziehungen der in das Werk eingehenden Elemente. Es gibt hier Grade – Intensitätsgrade der Gestalteinheit. Sie sind für die künstlerische Qualität entscheidend.

Gestalt heißt: Das Einzelne trägt das Ganze, und erst aus dem Ganzen empfängt das Einzelne seine Bedeutung und seinen Stellenwert. Die Spannung ruht im Kunstwerk verborgen und muß ›entdeckt‹ werden vom aufführenden Künstler und vom vernehmenden Hörer. Man spricht vom ›hermeneutischen Zirkel‹, von der zirkularen Geistestätigkeit des deutenden Verstehens. Ohne Erfassen des Ganzen kein Verstehen des Einzelnen und ohne Verstehen des Einzelnen kein Erfassen des Ganzen. Der Interpret – aber auch der Hörer – tritt ein in die in sich lebende Welt des Musikwerkes, durch das Erfassen dieser inneren Spannung. Dabei ist es oft der erste Takt, sind es die ersten Takte, die hineinführen in den ›anschaulichen Charakter‹ eines Satzes, einer Symphonie.

Wenn wir vom Musikwerk sagen, es sei ›Zeitgestalt‹, so wollen wir damit also zum Ausdruck bringen, erstens, daß zeitlicher Abstand der Tonereignisse für das Sein des Musikwerkes entscheidend ist, und zweitens, daß diese Abstände ihre Determination nicht von den oben erwähnten künstlichen, von außen an Ereignisse herangetragenen Zeitmaßen erhalten, sondern dem Gesamtganzen, also der Gestalt, immanent sind. Da diese Gestalt vom Komponisten als Gestalt konzipiert wurde, (›Gestalt ist ein Ganzes, das mehr ist als seine Teile‹), geht es um organische, vital-geistige Maße, die der Fülle von Vital-Geistigem in größter Variation innewohnt. Der Aufführende – der Erstvernehmende – hat diese Maße aus dem toten Buchstaben der Partitur herausgelesen; er hat den Sinn der Zeichen verstanden – oder auch nicht. Er hat gelesen, was der Komponist sich ›dabei gedacht‹ hat. Und nun wird er der Transformierende – der personale Transformator. In aktiv-rezeptiver Tätigkeit lenkt er – determiniert er – die Schallwellenerzeuger – die Musiker – und durch sie die vibrierenden Klangkörper, und zwar so, daß dadurch die Erlebnisse der Hörer hervorgerufen werden, wobei ja noch einmal eine Transformation aus einem Seinsmodus in einen anderen stattfindet – analog etwa zu jener Transformation, in der die Bewegungen der Nadel in den Rillen der Grammophonplatte umgewandelt werden in Vibrationen der Luftstöße durch die Membrane des Grammophons. Analoges gilt für die elektronischen Medien.

Zeitgestalt baut sich auf im Nacheinander des Hervortretens der Tonfolgen in der ihnen innewohnenden temporalen Ordnung. Die Zeitrelationen, in denen das geschieht, sind Ergebnis des ›Setzens‹, des ›ponere‹, des Kom-ponierens. Sie verbinden sich mit den Tonhöhendifferenzierungen und der Verschmelzung von Tönen verschiedener Höhe und ihren Obertönen zu Akkorden sowie dem Variationsfaktor ›Lautstärke‹ zum Beziehungsgewebe dieses bestimmten Musikwerkes. Diese Struktur ist in ihrem ›So‹ festgelegt und kann zu wiederholten Malen in die allgemeine Zeit aus der Latenz ihres Daseins in die Realität des allgemein-zeitlichen Nacheinander von Tonereignissen aufgeführt – hinaufgeführt werden. So wird sie ›Ereignis unter Ereignissen‹. Als Musikwerk ist sie kein Ding unter Dingen und kein Ereignis unter anderen. Nur die Aufführung steht in der Abfolgenreihe und kann etwa durch das donnernde Getöse eines Flugzeuges, das in die Klanggestalt einbricht, gestört werden.

Das Flugzeug donnert so lange, bis es sein Ziel erreicht hat, gelandet ist. Es hört auf, Luft zu Vibrationen zu erregen – Töne rasch wechselnder Frequenz – Geräusche zu bewirken. Die Geräusche – sozusagen ›in Kauf genommene‹ Nebenprodukte der auf ein anderes Ziel gerichteten Strebens des Piloten – hören auf. Das letzte Geräusch ist Nr. X in der Abfolge.

Im Musikwerk gibt es ein ›Ende‹ – deswegen die Erlebnispein, wenn die Tonfolge einfach abgebrochen wird und die Musik nicht zu dem ihr eigenen Ende kommt. Es ist, als würde sie ermordet. So erinnert uns das Abklopfen des Dirigenten in der Probe daran, daß er ja eine temporale Gestalt in der Abfolge von Tonereignissen in der allgemeinen Zeit verwirklichen muß; das ›Aufführen‹ bedeutet, etwas aus seiner dem Werk immanenten Zeitgestalt hinüberzusetzen in die allgemeine Zeit, in der auch sonst viel geschieht. Das Ende gehört zur Gestalt. Es ist weder das Ziel, noch das Abbrechen der Tonfolge. Es ist Teil, und zwar herausragender Teil der Gestalt – also des in seiner Eigenbewegung in sich ruhenden Werkes. Auch wenn etwa eine Dominante auf die ihr zugehörige Tonika ›drängt‹, so ist dies doch nicht das aus ihr hervorgehende ›Ziel‹ der harmonikalen Abfolge. Dies ist wichtig für das Mißverständnis der Theorie der atonalen Musik. In der prinzipiellen Verweigerung des tonalen ›Weitergehens‹ liegt ein grundsätzliches Mißverstehen des Wesens der Erlebniszeit der Musik. Darüber später mehr.

Zeitwerte im Musikwerk haben keinen ›informativen‹ Charakter. Sie mögen Entsprechungen haben in anderen organischen Vorgängen, wie dem Atem in seiner Regelmäßigkeit, aber auch in einem durch Erregung, durch Gefühle oder durch ›Ersterben‹ gesteuerten Rhythmus; oder im Rhythmus, in welchem man bei einer Feier schreitet, oder im Rhythmus des Zornes oder der Liebe, des Regens und des Donners oder im Sprechrhythmus (von letzterem leitet sich das griechische Wort ab). Diese Ereignisse sind dann nicht musikalisch ›abgebildet‹, vielmehr besteht zwischen der ›Gefühlsgestalt‹ eines menschlichen Erlebnisses und der ›Zeitgestalt‹ des Musikwerkes eine Parallelität, die es uns erlaubt, Ausdrücke aus der einen Erlebniswelt auf die andere zu übertragen. Die Ton-Zeit-Gestalt hat keine Informationsfunktion bezüglich irgend einer außer ihr liegenden Realität.

In der gewöhnlichen Raum-Zeit-Welt, in der wir leben (unserer Umwelt), haben akustische Ereignisse sehr oft einen *informativen* Charakter. Biologisch gesehen ist die ständige Geöffnetheit des Gehörsinns geeignet, uns zu informieren über das, was außer uns geschieht und uns vielleicht bedroht; denn Geschehnisse verursachen sehr oft Luftwellen, und diese setzen unser Trommelfell in Vibration.

Die Musik als Zeitgestalt ist herausgesondert aus der allgemeinen Zeit, durch eine Zone der Stille, gleichsam abgeschirmt und geschützt gegen das Hineingezogenwerden in die Geräuschwelt der Alltäglichkeit, bringt das Musikwerk seine ihm zugehörige Zeit hervor. Die Gestalt ist das übergreifende: die Zeitmomente sind *in* ihr. Victor von Weizsäcker sagt: ›... daß Gestalt nicht in der Zeit entsteht oder besteht, sondern Zeit in der Gestalt entsteht und vergeht, als Anfang und Ende, als Dauern und Vergehen‹.

Töne sind ›zeitig‹. Farben sind es nicht – ihnen ist irgendeine Zeitbeziehung äußerlich; für (die gehörten) Töne sind Zeitdauer (duré), Zeitabfolge und zeitliche Intervallstruktur wesentlich. Die Mannigfaltigkeit der Töne kann sich nur im Nacheinander zu einer echten Ganzheit fügen. Farbiges kennt echtes Nebeneinander in jeweiliger Distinktion. Bei Tönen gibt es Gleichzeitigkeit nur kurzfristig in der Form der Akkorde, und diese wiederum müssen im Nacheinander der Abfolge und in die zeitliche Bezogenheit aneinander gefügt werden, um ›Material‹ des Musikwerkes zu werden, ähnlich wie ausgedehnte Farben ›Material‹ für ein Gemälde sind, nämlich künstlerisches Material. Musikwerke sind ›gezeitigte Gebilde‹. Voraussetzung für ihr Sein ist der ›Zwang zum Nacheinander‹ (Plessner), den die Natur der Dinge auferlegt. Der ›Zwang zum Nacheinander‹ ist sozusagen elementare ›Bedingung der Möglichkeit‹ für die Musik als solche. Das ist ein Beispiel für das, was wir eingangs ›Vorwissen‹ – als Grundlage der philosophischen Erkenntnis – nannten; diese Erkenntnis ist das ›Selbstverständliche‹ – das, was sich aus sich selbst versteht, was ›einleuchtet‹, deutlich, aber deswegen nicht weniger geheimnisvoll. Zeit ist ›Geheimnis‹ in einem ganz präzisen Sinne; auf der einen Seite ist es unausweichlich zu sagen: ›Es gibt Zeit‹ – wir kommen nicht umhin, uns dauernd der Zeitbezeichnungen (›morgen‹, ›gestern‹, ›in drei Minuten‹) zu bedienen (erfolgreich zu bedienen), aber über die Seinsweise, die mit den Worten ›es gibt‹ bezeichnet wird, vermögen wir keine bzw. nur negative Aussagen zu machen.

Augustinus hat mit seinem berühmten dictum ›Wenn man mich nicht fragt, weiß ich, was *Zeit* ist; wenn man mich fragt, weiß ich es nicht‹ kein rein persönliches Nicht-weiter-Wissen zum Ausdruck gebracht.

Das im Raum stehende Kunstwerk ist keine Zeitgestalt, Zeit gehört nicht zu seiner Seinsweise. Wie lange ich meinen Blick auf *einen* Teil eines Bauwerkes richte und wie lange auf einen anderen, hängt von mir ab. Wie lange ein Ton dauert – etwa die drei Fermaten in den ersten Takten des ersten Satzes der ›Fünften Symphonie von Beethoven‹ –, gehört zur Struktur des Werkes und ist von entscheidender Relevanz. Furtwängler hat sich über die Bedeutung dieser Fermaten in einem berühmten Aufsatz geäußert. Die Spannungsverhältnisse der Zeitwerte sind ein eminenter Gestaltbestandteil: Intervalle zwischen den einzelnen Tonschlägen, Ausdehnung der Töne, der kurzen Abfolgen, Pausen vor dem Neuansetzen des stürmischen Weitereilens der Tonfolge – all das gehört in entscheidender Weise zum Sinngehalt und somit zu dem, was der Interpretation bedarf. Das aber heißt: es geht um das Finden des dem Musikwerk ›objektiv‹ innewohnenden Sinnes. Er muß entdeckt und zum erklingenden Erscheinen gebracht werden. Beethoven hat ihn durch das Fermatezeichen in der Partitur nur andeuten können. ›Interpretieren‹ heißt hier nicht, ein – bis zu einem

Grade der Beliebigkeit überlassenes – ›Deuten‹. Freilich gibt es hier bedeutsame Probleme. Der ›Zeitsinn‹, im Sinne des ›Durée-Erlebnisses‹, ist keine absolute Größe. Eine gewisse Schwankung von Individuum zu Individuum und auch innerhalb der Lebensspanne eines Individuums ist sicherlich vorhanden und spielt eine Rolle in der Interpretation von Zeitwerten in einem Musikwerk. Furtwängler hat gegen Ende seines Lebens etwas langsamer dirigiert als in früheren Jahren. Auch ist es ein echtes Problem, ob die ganz großen Werke nicht eine Art von kompakter Sinnfülle in sich tragen, die zu einer Wahl in der Realisierung des ungeheuer trächtigen Sinngehaltes zwingt – des musikalischen Sinngehaltes, der dem Werk innewohnt. Natürlich gibt es krasse und weniger krasse Fehldeutungen dessen, was dem Selbstaufbau des Werkes als einer festgelegten Ton-Zeit-Folge als Sinngehalt zugrundeliegt. Ein Werk kann in der klanglichen Realisierung total ›mißverstanden‹ werden – degradiert bis zur Stufe der billigen Gebrauchsmusik. Ein Musikwerk kann natürlich auch denaturiert werden durch die Reduzierung der Zeitdistinktion der Tonabfolge auf die (so möchte ich es einmal nennen) ›Taktstrichzeitwerte‹. Herbert von Karajan hat oft auf die Unzulänglichkeit der Taktstrichnotierung hingewiesen. Ich erinnere mich an seine ungemein eindrucksvolle ›Demonstration‹ des Unterschiedes der gewöhnlichen, der chronometrisch meßbaren und der Musikzeit. Er spielte auf dem Klavier, mit einer unglaublichen metronomischen Präzision, einen Satz einer Tschaikowsky-Symphonie, sozusagen ›taktstrich-genau‹, und anschließend den gleichen Satz, wie er sich musik-zeitlich aufbaut. Dabei wurde deutlich: die Zeitqualitäten des Musikwerkes – Tondauer, Zeitstruktur der Tonsukzession – sind ›genaue‹ Werte, nur sind sie auf die Weise ›präzise‹ wie die Zeitwerte organischer Prozesse (Puls, Atem). Dies ist ja einer der Gründe, warum wir bildlich vom ›Leben‹ des Musikwerkes sprechen können. In einem anderen ›Experiment‹ wurde auch dies von Herbert von Karajan demonstriert. Er produzierte die musikalische Zeitstruktur des Ravelschen ›Bolero‹ durch Klopfen mit zwei Fingern auf eine Holzplatte, und zwar tat er das zweimal hintereinander. Beide Produktionen wurden mit einem Meßgerät gemessen, das Hundertstel Sekunden mißt. Es ergab sich eine ans Absolute grenzende Gleichheit in der chronometrischen Länge der beiden Produktionen. Das heißt: es wurde demonstriert, daß die organisch-musikalische Zeit ihr eigenes Maß hat. Die in den

Organismen (z. B. den Pflanzen) ›vorprogrammierten‹ Ereignisse – Keimen, Treiben, Knospen, Erblühen, Reifen, Vergehen – haben ihr eigenes Zeitmaß, nur daß bei den physisch existierenden Organismen die Zeitdimension der Abfolge auch von äußeren, den Organismen nicht innewohnenden Faktoren mitbestimmt ist. Bei der Musik ist das nicht der Fall. Sie hat ihre ›Zeitigkeit‹ vollständig in sich selber und damit ihre eigene ›Genauigkeit‹. Die Abstände der einzelnen Tonereignisse, aus denen eine Melodie, eine Phase, das ganze Werk als Ton-Zeit-Gestalt sich aufbaut, sind temporale Charaktere. Sie gehören zur Gestalt des Werkes, wie eine bestimmte Rotnuance zu einem Gemälde von Tizian gehört. Sie zu ›ermessen‹ gehört zum Verstehen des Musikwerkes als Zeitgestalt. Es sind genaue, im Verstehen erfaßbare Werte. Das Bolero-Beispiel manifestiert es – aber wie viele vermögen das zu demonstrieren? Absoluter Zeitsinn ist sehr viel seltener als absolutes Gehör.

Die Kunst des Dirigierens besteht ja auch weitgehend darin – Herbert von Karajan hat sich dazu des öfteren bei den Sitzungen des Symposiums geäußert –, das Orchester in den organischen Rhythmus des Musikwerkes zu führen und es dort zu halten – etwa Akzelerations- oder Ritardandotendenzen, die sich leicht einstellen, abzuwehren. Der Komponist hat es darauf ›abgesehen‹, daß diese bestimmte Klangfigur in mir, dem Vernehmenden, erscheint, und der Aufführende ist darum bemüht herbeizuführen, daß dieses geschieht. Er vermittelt zwischen dem Komponisten bzw. zwischen dem von ihm komponierten Werk und dem Vernehmenden. Auf diesen hin, auf seine synthetisierende, aber ›weisungsgebundene‹ synthetisierende innere ›Tätigkeit‹, die keine willentlich gesteuerte ist, sondern ›aktive Rezeption‹, ›rezeptive Aktivität‹, wurde das Werk geschaffen. Der Hörer soll gleichsam ›verzaubert‹ werden; die Mythen beziehen sich auf sehr reale Vorgänge. Der Unmusikalische, der das Musikwerk nicht als Musik versteht, wird nicht verzaubert, und auch der nicht, der die in einem Musikwerk objektiv gelegene Gestalt nicht zu entdecken vermag. Man kann ihn vergleichen mit einem Menschen, der die in einem Vexierbild kaschierte Gestalt nicht sieht. Der Vergleich hinkt, da ja die Gestalt, die man im Vexierbild entdecken soll, nicht identisch ist mit dem Ganzen der Zeichnung. Der Hörer wird ein Verzauberter, indem er, ohne sein Wollen, aus einem Hörenden zu einem Vernehmenden wird, wie Monostatos in der Zauberflöte: ›Es klinget so lieblich‹ ... Er wird der Zeit, in der man handelt – auch mordet – entrückt und muß nun auch nach der ihm auferlegten Weise tanzen.

Ohne Willensaktivität fügt der Vernehmende aus Einzelnem, im Nacheinander sich Darbietendem, ein sinnvoll Zusammenhängendes und läßt das Gehörte als Musik in sich selber erstehen. Dieses ›er läßt‹ sagt alles: Er synthetisiert unabsichtlich, aber höchst sinnvoll – so wie der Komponist es von ihm erwartet. Was heißt in diesem Zusammenhang: Er synthetisiert? Ein simpler Vergleich aus dem Gesichtsbereich mag das verdeutlichen: Bei Straßensperren werden oft Leuchtkörper so nebeneinander aufgestellt und zum sukzessiven Aufleuchten gebracht, daß die Illusion einer ablaufenden Linie entsteht, die Illusion also, daß *ein* Licht von einem Punkt im Raum zu einem anderen läuft. Die musikalische Zeitgestalt existiert nicht in der realen Zeit. Sie hat ihr Dasein als etwas Erscheinendes im Hörenden. Die Melodie baut sich auf als ein vernommenes Ganzes im Vernehmenden. Er wird durch die real auf ihn eindringenden, als Töne in seinem Bewußtsein vernommen Luftvibrationen veranlaßt und, wenn er das Organ dafür hat, ›unausweichlich‹ veranlaßt, die Abfolge als Tongestalt zu vernehmen.

Die Gestalt ist durch ›Einheit‹, ›Notwendigkeit‹, ›Individualität‹, ›Mitte‹ gekennzeichnet, Begriffe, die der Philosophie des Kunstwerkes von Sedlmayr und Hildebrand nahestehen. Damit ist das Kunstwerk nicht formal definiert, d.h. herausgegrenzt gegenüber allem anderen, was es gibt, sondern qualitativ gekennzeichnet. All das, was hier genannt wird, kann dichter, mächtiger, reiner und reicher in einem Kunstwerk walten als in einem anderen. Es handelt sich nicht um Elemente, aus denen das Kunstwerk aufgebaut ist, sondern um Charaktere, die intensiver oder weniger intensiv herrschend, die objektive Qualität des Musikwerkes – jedes Kunstwerkes – bestimmen. Das Ganze ist mehr als die Summe seiner Teile durch die geheimnisvolle, auf nichts reduzierbare Präsenz von ›Sinn‹, der das Ganze durchwaltet, ja, es zu einer Einheit macht. Es besteht eine intensive Wechselbeziehung zwischen seinen Teilen und dem Ganzen. Jedes Detail ist Mittträger der Einheit, und diese Einheit manifestiert sich in jeder Einzelheit.

Mit dem Moment der inneren Einheit hängt das der inneren Notwendigkeit eng zusammen. Alles Einzelne steht sozusagen in der Pflicht des Ganzen und hat ihm zu dienen. Es gibt Intensitätsgrade der inneren Notwendigkeit, und der Rang eines Kunstwerkes hängt sehr stark von diesem Moment ab. Das einzelne Kunstwerk steht unter einem Gesetz – seinem je eigenen. Natürlich gibt es auch Stilgesetze, die spezifisch dem geschichtlichen Wandel unterliegen. Aber Musikwerke, die nur Beispiele der jeweiligen Stilgesetzlichkeit sind, sind schwache Kunstwerke. Nicht Willkür, sondern eine neue Stufe der inneren Notwendigkeit erhebt ein Musikwerk über das Niveau eines Stilbeispiels. Es ist ein Triumpf der Freiheit des schaffenden Künstlers, daß er sich dem inneren Gesetz seines Kunstwerkes unterwirft. Nicht einer Regelhaftigkeit unterwirft er sich, sondern einer ganz anderen Art von Notwendigkeit, die sich ihm gleichsam auferlegt durch das Eigensein des Werkes, daß nicht seiner Willkür anheimgegeben ist.

Gerade durch dieses ihm innewohnende Gesetz, das allem in diesem Musikwerk Erscheinenden seine Notwendigkeit verleiht, ist dem Musikwerk, als Kunstwerk, ein dritter Wesenszug zuzusprechen: seine Individualität. Ein wahres Kunstwerk ist ›einmalig‹. Es hat seine nur ihm zugehörige physiognomische Einheit und Notwendigkeit. Viele Elemente kann dieses eine Kunstwerk mit anderen teilen. Aber in den Bezügen der Einzelteile, in deren besonderer Konstellation – in der ›Zusammensternung‹ – ist es individuell. Schon rein formal ist es als ›Soseinseinheit‹ nur durch sein besonderes Sosein *dieses* Musikwerk. Es trägt einen Namen und sei er auch nur eine Opuszahl. Auch hier gilt das Gesetz der Intensivierung. Je einzigartiger es ist, um so mehr tritt es aus der Reihe des Vergleichbaren heraus.

Ein und dasselbe Element kann in zwei verschiedenen Musikwerken etwas völlig Verschiedenes ›bedeuten‹. Es ist der lebendige Zusammenhang des individuellen Ganzen, der dem einzelnen die je besondere Bedeutung verleiht. So erfährt das, was in den aufeinanderfolgenden Passagen der Selbstentfaltung des Musikwerkes hervortritt, seine bestimmte Wertigkeit vom Ganzen, von der physiognomischen Einheit des Werkes und ist zugleich das, was dieses Ganze trägt. Sedlmayr schreibt, ›daß der Wert eines Kunstwerkes immer im Kleinsten, in den fast unfaßbaren Nuancen liegt, von denen her alles Große des Kunstwerkes – der Einfall, die Komposition oder was immer – sein Leben bekommt‹. Für die Interpretation, die bei der ›Heraufführung‹ des Musikwerkes aus den ›Anweisungen‹ der Partitur in die reale Wirklichkeit des Erklingens entscheidend ist, ist die Erfassung der ›Mitte‹ des Kunstwerkes, des geheimnisvollen Punktes, von dem gleichsam die physiognomische Ganzheit, die innere lebendige Einheit ihre Kraft empfängt, das Allerwichtigste. Hier liegt der Schlüssel zu dem, was man in einem eminenten Sinne das ›Verstehen‹ des Kunstwerkes nennt. Im Bilde gesagt – und man kann hier nur in Bildern sprechen –: Wer diese Mitte nicht erfaßt, der hat die ›Seele‹ dieses einmaligen Musikwerkes nicht erfaßt.

Unsere Erfahrung von Zeit ist eine ganz eigene, wenn es sich um eine Zeitspanne handelt, die ausschließlich – sozusagen ›thematisch‹ – für unser Bewußtsein von Tonfolgen erfüllt ist. Es wurde schon gesagt: Das Musikwerk *ist* im Erlebtwerden. Wenn gesagt wurde, daß der Komponist die geregelte Abfolge der Töne festlegt, so müssen sie im Vernehmenden als ›jetzt vernommen‹ real hervorgerufen werden. Dadurch daß der Komponist selber ein auf menschliche Weise Hörender ist, braucht er sich um die Natur der vermittelnden Ereignisse nicht zu kümmern. Für die Wissenschaften ist aber diese lange Kette von Gliedern zwischen dem Komponieren der Tongestalt und dem Reziepiertwerden von höchstem Interesse. Hier soll nur kurz auf die hörpsychologischen Voraussetzungen des Musikvernehmens hingewiesen werden.

Die Klangsgestalt ist als solche in ganz spezifscher Weise auf den Menschen als leib-geistiges Wesen hin angelegt; sie ist in diesem Sinne ›für den Menschen‹, nämlich insofern ein bestimmter Ausschnitt von Wellen vom Menschen, aufgrund der besonderen Einrichtung seines Ohres und des ganzen Gehörapparates, als Töne aufgefaßt werden, andere aber nicht. Dann ist auch das Verhältnis, in dem Klangereignisse zur erlebten Zeit stehen, kennzeichnend für die Tatsache, daß Musikwerke auf den Vernehmenden hin, genauer auf die typisch menschliche Weise der Zeiterlebnisse hin, strukturiert sind, und zwar in ihrem spezifischen künstlerischen Gehalt, den sie objektiv tragen. Das ›Jetzt‹ des erscheinenden Klanges – es wurde schon darauf hingewiesen – ist keineswegs der künstliche Grenzbegriff des Vergangenheit und Zukunft trennenden unausgedehnten, punktuellen Jetzt. Es ist ein Gegenwärtiges, indem das jüngst Vergangene auf eine sehr eigentümliche Weise aufgehoben ist. Es ist eine Zeit-Erlebnis-Insel des Jetzt. Die das Musikwerk kennzeichnende Gespanntheit entsteht mit Hilfe unserer Fähigkeit der ›Retention‹ (vgl. Husserl-Vorlesungen ›Zur Phänomenologie des inneren Zeitbewußtseins‹). Mit Hilfe eines Vermögens des Gegenwärtighaltens des bereits verklungenen Tones bzw. Klanges – aber als vergangenen – formt sich im gestalteten Nacheinander für das vernehmende Subjekt die sinnvolle Klanggestalt, die ja gerade dadurch Gestalt wird, daß Spannungen entstehen. Erfaßte Spannungen gibt es nur dort, wo ein Gegenwärtigsein auch des aus dem ›Jetzt‹ zurückgetretenen Klangerlebnisses gegeben ist. ›Gegenwart‹ ist also im Musikwerk etwas sich Erstreckendes. Wenn – etwa im Aufbau einer Melodie – ein auseinandergenommener Akkord nacheinander dem Vernehmenden erscheint und dann durch die Nachfolge eines weiteren, gleichsam eine Wende vollziehenden Tonschrittes eine Spannung hergestellt wird, so wächst den bereits verklungenen Akkordschritten ein neuer Sinn zu. Sie werden zu etwas Bedeutungsvollem. Sie empfangen im Nachhinein ihren ganz spezifischen Sinn.

Der ›Sinn‹ des jeweils Vorausgehenden erscheint keineswegs in einem bloßen Erinnertwerden, sondern in einem echten Gegenwärtigsein und Wirken des Vergangenen mit Hilfe der Anamnese. In gewisser Weise gilt dies ja schon vom Verstehen eines gesprochenen Satzes, wo der Sinn, ja sogar die spezifische Bedeutung, sich im Nachhinein etabliert, worauf schon Augustinus hingewiesen hat. Aber beim Musikwerk spielt sich dieser geheimnisvolle geistige Vorgang noch auf einer höheren Stufe ab, zu der die sprachliche Sinnentfaltung nur im Gedicht eine gewisse Analogie besitzt. Die ›Zeitigkeit‹ des Musikwerkes ist eine ganz eigene. In der Selbstentfaltung der Zeitstruktur, wo der jetzt erklingende Ton zum vorausgehenden wird und dann zum vorausgehenden und damit eine sich ständig – in der inneren Zeit des Musikwerkes – verändernde Spannung entsteht, ›wird‹ die Musik, die ja in den Ton- bzw. Klang*relationen* besteht. Dabei spielt nicht nur die Retention – die Gegenwärtigkeit des Vergangenen –, sondern auch die Protension, die offene Erwartung – das Sichvorausstrecken im Erleben des Gegenwärtigen, nämlich des jetzt gehörten Klanges – eine das musikalische Erlebnis konstituierende Rolle. Dabei ist der Rhythmus, die Zeitordnung, in der die Töne und Klänge erscheinen, ebenso entscheidend für die ›Musikwerdung‹ – wenn man es einmal so ausdrücken darf – der rezipierten Klänge.

Die Protension hat aber nicht nur den Rhythmus zu seiner Domäne. Die Harmonik und die ihr immanenten Spannungen sind spezifisches Feld der Protension, wobei das Spiel von Erwartung und Überraschung ein dynamisches Element von größter Bedeutung ist. Die Kostbarkeiten der Musik sind daraus gewoben.

Schopenhauer spricht von einem Spiel von ›Entzweiung und Versöhnung‹. Er sagt vom Adagio daß es ›alles kleinliche Glück verschmäht‹, und dann kommt der hier wichtige Satz: ›Wie wundervoll ist die Wirkung von Moll und Dur! Wie erstaunlich, daß der Wechsel eines halben Tones, der Eintritt der kleinen Terz, statt der großen, uns sogleich und unausbleiblich ein banges peinliches Gefühl aufdringt, von welchem uns das Dur wieder ebenso augenblicklich erlöst‹.

Dies sind nur Andeutungen – Hinweise darauf, daß hier eine unabsehbare Fülle von Strukturgesetzlichkeiten des inneren Zeitsinns für das Musikschaffen vorgegeben sind, zusammen mit den Vorgegebenheiten der Harmonieerfassung, die dem menschlichen Sinn des Vernehmens zueigen sind. Daß hier dem Erlebnis etwas vorgegeben ist, bedeutet nicht, daß es in all seinen unabsehbaren Verzweigungen zu allen Zeiten sozusagen auch für das Erleben ›erwacht‹ ist. Die großen Meister sind die Entdecker der schon gegebenen Möglichkeiten der Musik.

Da die Struktur unserer akustomotorischen Sinne auf Entsprechungen im Bereich der vibrations-physischen Vorgänge außerhalb unseres Organismus angelegt ist, disponiert sie uns für das Vernehmen von Musik bereits auf der Stufe des Affiziertwerdens durch das, was man Musikmaterial nennen kann. Berieselungseffekte konstituieren sich auf dieser Ebene, wobei es durchaus möglich, ja wahrscheinlich ist, daß in solche als ›background music‹ zusammengefügte Tonabfolgen auch echte Musikfragmente eingehen, wie ja überhaupt Musik durch ihr Ertönen und Gehörtwerden keineswegs garantiert, daß sie immer und von einem jeden ›als‹ Musik vernommen wird. Ihr Empfangenwerden kann auf der Ebene der Rezeption des Materials bleiben. Karajan wies einmal schmunzelnd darauf hin, man habe festgestellt, daß ›akustisch berieselte‹ Kühe mehr Milch geben als unberieselte, daß sich Bachs und Mozarts Musik dafür am besten eignet. Natürlich ist der Berieselungseffekt dem bloßen Klang*material* zuzuschreiben, das für Bach und Mozart kennzeichnend ist – nicht den Gestaltungen aus diesem Material, den Werken.

Es ist übrigens nicht auszuschließen, daß viele Menschen das Aufnehmen des Musikmaterials schon für Musikvernehmen halten. Es ist oft auch eine Frage der Einstellung, ob man wirklich Musik in ihrer objektiven Gestalt vernimmt oder ihr unter dieser Stufe des Aufnehmens begegnet. Ich erinnere mich an ein Erlebnis aus meiner Studen-

tenzeit. Damals gab es in den Cafés noch kleine Orchester, die
>Unterhaltungsmusik< spielten – wohl etwas, was eine Stufe höher
steht als >background music<. Der Berieselungseffekt war für mich
merkwürdigerweise der, daß ich mich besser konzentrieren konnte auf
meine Arbeit, wie die Kuh, die mehr Milch gibt. Auf einmal fuhr ich
auf und war erschüttert: Die Anfangsakkorde der >Zauberflöten<-
Ouvertüre erklangen. Es war gewiß eine ganz unzulängliche >Auffüh-
rung<, aber das Vernehmen des Ungeheuren, was diese Klangkonstel-
lation zu Musik macht, war etwas Überwältigendes. Ich erfuhr die
Antwort – die in Worten unsagbare – auf die Frage: >Was macht eine
Tonfolge zu Musik?<

Ich möchte eine Vermutung aussprechen bezüglich der sogenannten >atonalen Musik<, d.h. einer Musik, die sich freimachen will von
der >Diktatur der tonalen Ordnung<, der Intervalle und der Klang-
bzw. Akkordordnung der Harmonielehre. Ich stelle mir die Frage, ob
nicht doch, wenn es sich um Musik handelt, eine geheime Beziehung
zur Tonalität herrscht, auch wenn diese antithetischer Natur ist, denn
damit wäre sie im letzten doch durch die Ordnung der Tonalität
bestimmt.

Die >permanente Revolution< von der die Adorno-Schule spricht,
ist im Grunde wohl doch nur die sukzessive Erweiterung des Musik-
horizonts. Hörgewohnheiten einer Generation werden von der nächsten überholt, und der historische Vorgang, der hier vorliegt, ist nicht
eine >permanente Revolution<, sondern eine fortschreitende Entdek-
kung von Möglichkeiten, die an sich in der tonalen Struktur des
Hörens gelegen sind.

Die Entdeckungsgeschichte nimmt freilich oft >revolutionäre< Formen an, wofür das Wagner-Ereignis wohl das signifikanteste Beispiel
ist. Ein Hanslick war nicht imstande, die ungewohnten und ungeheuren Musikstrukturen Wagners in ihrem >Gestaltcharakter< zu erfassen.
Für die Nachwelt ist diese Art von historischer Dialektik in der
Erweiterung des Kompositionsvokabulars und der Fähigkeit, das in
ihm >Gesagte< zu vernehmen, von geringer Relevanz. Für unsere
Musikerlebnisse ist z.B. der Streit der Parteien, die sich um Brahms
und Bruckner gebildet hatten und wütend bekämpften, gänzlich
gleichgültig.

Das atonale Komponieren hat dem Tonalen keine neue Ordnung
entgegengesetzt, sondern ist grundsätzlich nur >Nichttonalität<. Das

wäre also nur: Abstreifen einer bestimmten, sehr sehr weiträumigen vorgegebenen Ordnung von Tonstrukturen, die wir ›Tonalität‹ nennen. Die vollständige Negation vorgegebener Strukturprinzipien bedürfte, um die Vollständigkeit zu erweisen, eines eigenen Prinzips. Das kann es, wie logisch erweislich ist, nicht geben.

Der Zufall, der eines zum anderen fallen läßt, schafft keine ›Gestalt‹; er läßt im besten Fall die Rorschach-Test-Situation entstehen, die die projektive Phantasie des Hörers anregt, in die Abfolge eine Gestalt hineinzuprojizieren, die vom Komponisten nicht intendiert ist. Ist sie es aber, dann wird sie sich als ›geheim-tonal‹ erweisen, denn niemand kann gestaltend Ungestaltetheit hervorbringen.

Es will mir scheinen, daß Hindemith hier das Entscheidende gesagt hat: ›Wo immer zwei Töne zusammen oder nacheinander erklingen ... gehen sie ein Verhältnis mehr oder weniger enger Verwandtschaft ein ... Den Tonverwandtschaften können wir nicht entrinnen ... Es ist darum gänzlich unmöglich, Tongruppen ohne tonale Bezogenheit zu erfinden. Die Tonalität ist eine Kraft wie die Anziehungskraft der Erde ...‹

Vor einigen Jahren wurde von Prof. Kurt Ecker in einem Referat des Karajan-Symposiums über Forschungen berichtet, die Vorgänge bei der Übertragung der Vibrationsvorgänge im Ohr mit Hilfe eines Computers analysierten; also jene Vorgänge, die die Transformation der zugeleiteten Schwingungen in neuroelektrische Impulse durch die etwa 20 000 Hörzellen des Corti-Organs im inneren Ohr herbeiführen. Erst der Einsatz eines Computers konnte die Daten, die hier vorliegen, entschlüsseln. Dabei ergab sich: das menschliche Ohr ist auf Tonalität hin organisiert. Es ist höchst wahrscheinlich, daß es gemäß unserer Organanatomie und -physiologie für uns unmöglich ist, Tongruppen als Musik zu erfassen, d.h. als sinntragende Zeit-Ton-Gestalt, die keinerlei tonale Bezogenheit haben.

›Gesetzlichkeiten ...‹, die auch im Menschen ihre Entsprechung finden‹, legen es nahe, ›der Tonalität überzeitlichen Rang einzuräumen‹ (Reinhard Schwarz-Schilling).

Man darf dem im tonalen System Möglichen nicht von vornherein Grenzen setzen. Zu oft schon hat sich das ›Unerhörte‹ als durchaus zumutbar erwiesen. Wenn Franz Liszt dem Anfangsthema eines seiner Klavierkonzerte die Worte unterlegte: ›Das versteht ihr alle nicht‹, so meinte er nicht, ›Hier ist nichts zu verstehen‹, sondern: ›Dies ist eine neue, für eure Hörgewohnheiten fremde Dimension, sie ist ›unerhört‹. Für uns heute Lebenden ist sie so ›erhört‹, daß wir unsererseits nicht verstehen können, wie man das *nicht* verstehen kann. Auch wenn die Gestalt weit fortliegt von dem, was wir kennen, wir müssen uns öffnen, um sie zu entdecken und sollen sie nicht in dem uns schon bekannten Bereich suchen. Aber sie muß wirklich da sein. Versicherungen, daß sie auf solche oder solche Weise hergestellt ist, nützt zum Finden wenig. Man muß ihre Gestalt in ihr selber ›finden‹, nirgends sonst ist sie. Man muß sie mit Hilfe der rechten Gehirnhälfte entdecken – empfinden –, was etymologisch besagt ›im Suchen erfolgreich sein‹. Mit Hilfe der linken Gehirnhälfte vermögen wir nur Konstrukte herzustellen und zu verstehen. Daß wir es in dieser Kunst erstaunlich weit gebracht haben, besagt nicht, daß die musikalische Schöpferkraft nun von der rechten in die linke Gehirnhälfte auswandern sollte.

Wir haben mit dem Musikerlebnis begonnen. Wir wollen auch mit ihm schließen und Musik noch einmal als erlebte Musik betrachten, aber nun nicht ganz allgemein, sondern als erlebte Musik dort, wo sie gleichsam am dichtesten Musik ist, der Herzmitte des Menschen entstammend und zur Herzmitte des Menschen sprechend, von dieser Herzmitte kündend. Was ist diese Herzmitte? Pascal sagt: ›Der Mensch ist unendlich über den Menschen hinaus.‹ Das Mysterium des Menschen, daß er unendlich über sich hinaus ist und daß gerade darin seine Würde gründet, davon vermag die Musik in ihren höchsten Erscheinungen Kunde zu geben. In einer dürftigen Zeit, in einer heillosen Welt, ist diese höchste Musik unter uns wie eine Statthalterin einer höheren Welt; Ahnung und Verheißung dieser höheren Welt – so könnte man ihr Künden nennen. Wir wissen in unserem Innersten: nur wenn wir ihr in der Bereitschaft ehrfürchtigen Empfangens begegnen, würdigt sie uns, ihre Kunde uns anzuvertrauen.

Musik ist eine große Erzieherin. Wie bei aller wahren Erziehung werden wir zur Eigenentdeckung gerufen. Wir werden in unsere eigene Tiefe geführt, um selber zu vernehmen, wovon die Musik kündet.

Musik ist mit dem Menschen immer wo er in seiner Menschlichkeit lebt: Im Jubeln und Trauern, im Tanz und im Trauermarsch. Sie ist mit ihm wenn er sein tiefstes Sein ausspricht.

Mir ist immer der gewaltige Eröffnungsakkord der Bachschen Matthäus-Passion in seiner unerbittlichen Herrlichkeit wie ein Realsymbol erschienen, wie ein Anruf zur Bereitschaft, kontemplativ zu vernehmen, was in einer solchen Musik für unser Innerstes gegenwärtig wird.

Literaturhinweise

Eckel K (1982) Der Anteil der Sinnesphysiologie an der menschlichen Hörwelt. Aus: Grundlagen der Musiktherapie und Musikpsychologie. S. Fischer, Stuttgart New York

Furtwängler W (1958) Ton und Wort. Brockhaus, Wiesbaden

Hartmann N (1953) Aesthetik. De Gruyter, Berlin

Hildebrand D von (1977/1984) Ästhetik I/II. Kohlhammer/Habbel, Stuttgart Regensburg

Hindemith P (1975) Über den musikalischen Einfall. Sämtl. Werke. Schott, Mainz

Ingarden R (1963) Untersuchungen zur Ontologie der Kunst. Niemeyer, Tübingen

Jonas H (1973) Organismus und Freiheit. Vandenhoeck & Ruprecht, Göttingen

Plessner H (1970) Philosophische Anthropologie. Gesammelte Schriften Bd 7. Suhrkamp, Frankfurt

Ravel M (1961) Aus: Die Großen der Kunst. Kaiser, München

Schwarz-Schilling R (1986) Werkverzeichnis und Schriften. Möseler, Wolfenbüttel Zürich

Sedlmayr H (1978) Kunst und Wahrheit. Mäander, Mittenwald

Weidlé W (1958) Die Sterblichkeit der Musen. Deutsche Verlagsanstalt, Stuttgart

Weizsäcker V von (1960) Gestalt und Zeit. Vandenhoeck & Ruprecht, Göttingen

Rudolph Berlinger Der musikalische Weltentwurf
Ein Problemaufriß*

Der Beginn mit einem bloßen Faktum

Wenn wir versuchen, uns einige Gedanken über Musik zu machen, so
geht es nicht darum, durch ein taubes Theoretisieren die Welt der
Musik allererst in ihr Recht einzusetzen. Läßt man sich Musik zum
Thema einer *philosophischen* Fragestellung werden, so wird damit
desgleichen kein grundlagentheoretischer Anspruch im Sinne der
Musikwissenschaft verbunden.

Die Aufgabe des philosophischen Nachdenkens ist Reflexion.
Reflexion aber worauf? Auf Wirklichkeit. Aber was meinen wir denn,
wenn wir von Wirklichkeit sprechen? Es ist nicht zu leugnen, daß auch
die philosophische Reflexion von dem angestoßen, hervorgelockt
wird, was faktisch wirklich ist oder was uns als Faktizität begegnet.

Damit aber beginnt das Ringen mit einer gegebenen Wirklichkeit,
also mit diesen sogenannten Faktizitäten, in deren Zugriff wir immer
schon stehen, wenn wir anfangen, über sie nachzudenken. Wir haben
allerdings nicht gesagt, in deren Vorgriff, gar, in deren grundlegendem
Vorgriff wir immer schon stehen.

Warum aber wird gesagt, daß dies ein Ringen sei? Es wird dies
deshalb gesagt, weil uns alle Erfahrung als *bloße* Erfahrung nicht über
die Schwelle hinwegführen kann, daß uns diese tausendfältigen Fakten
oder diese sogenannte Tatsachenwelt zunächst als eine sinnindifferente
begegnet, die zu erlauben scheint, sie deshalb auch beliebig zu deuten,
beliebig mit ihr umzugehen, ja, die dazu verleitet, allererst einen Sinn
in sie zu legen. Dabei bliebe hinwiederum eine solche Sinnsetzung
ohne Rechtsgrund.

Wir haben gesagt, daß die sogenannten Faktizitäten zunächst,
nämlich als diese bloßen Faktizitäten, sinnindifferent begegnen. Wir

* Der Text dieser Abhandlung wurde am 31. März 1970 bei einem wissenschaftlichen Symposium der Herbert-von-Karajan-Stiftung in Salzburg vorgetragen.
Berlinger R. (1971). ›Philosophische Perspektiven‹.

haben freilich nicht vorweg entschieden, daß sie damit auch an ihrem Grunde sinnindifferent, Adiaphora, also für die Sinnfrage wesenhaft gleichgültig seien.

Warum kommt uns etwas zu Gehör?

Was aber wollen wir wissen, wenn wir in die philosophische Reflexion dieser Faktizitäten eintreten? Wir wollen wissen, *was* das eigentlich ist, was uns da begegnet, zu Gesicht oder zu Gehör kommt. Wir wollen wissen, *warum* dies möglich ist, was uns da zu Gesicht oder zu Gehör kommt. Ja, vielleicht können wir überhaupt erst sagen, *was* irgendetwas, das uns faktisch begegnet – und für unsere spezifische Frage: *was* Musik philosophisch *ist*, wenn ermittelt werden kann, *warum* Musik möglich ist.

Wenn wir mit dieser philosophischen Urfrage: ›Warum?‹ zugleich eine Reflexion auf ihren Fragesinn verbinden, so tun wir dies deshalb, weil wir nicht Gefahr laufen wollen, uns gerade dieser Frage dennoch ganz und gar unphilosophisch zu bedienen. Wonach fragen wir denn mit dieser Frage, wenn wir sie als eine philosophische Frage begreifen? Fragen wir: ›Warum ist Musik möglich?‹ um etwa auf die Antwort hinzuarbeiten, aus welchem konkreten Motiv Musik und damit aber auch bereits Musik als diese oder jene Musik und nicht Musik als solche möglich ist, oder um auf die Antwort hinzuarbeiten, aus welchen Bedingungen sie möglich ist – aus physikalischen, physiologischen oder soziologischen? Oder heißt die Frage: ›Warum ist Musik möglich?‹ in einer *philosophischen* Absicht stellen nicht vielmehr: *Aus welchem Grunde* ist Musik – und wir können hinzufügen: Musik überhaupt – möglich?

So wird das Ringen mit der Verschlossenheit des Faktums Musik zum Ringen mit dem Prinzip von Musik, durch das allein die Verschlossenheit des Faktums in der Dimension philosophischen Denkens, dies aber heißt: in der Dimension der Prinzipien, aufgehoben werden kann, das Faktum also transparent für sein Begründungsgefüge gemacht werden kann.

Wenn wir nun versuchen, uns nach einem Ansatzpunkt umzusehen, von dem her wir dieses Ringen um das Durchlässigwerden des bloßen Faktums Musik für seine Konstitution aufnehmen können, so bietet sich eine landläufige Redeweise an: nämlich das so oft gebrauchte Wort von einer ›tiefen Musik‹. Wir wissen schon so ungefähr, was uns etwa jemand sagen will, der von einer ›tiefen Musik‹ spricht und sie gegen die Plattheit irgendeines Tongemächtes absetzt.

So stehen wir vor der philosophischen Aufgabe, darüber nachzudenken, was dieses ›Ungefähre‹ der noch unreflektierten Rede philosophisch eigentlich in sich schließe. Können wir diese Rede so umformulieren, daß ihr philosophischer Gehalt deutlich wird, wenn wir versuchen, nicht von einer ›tiefen Musik‹, sondern von der ›Tiefe der Musik‹ zu sprechen? Für das philosophische Nachdenken über Musik ist diese Umformulierung gar nicht so neu, falls wir uns des problemträchtigen Wortes von der ›Tiefe des Gedankens‹ – etwa in seinem Hegelschen Zusammenhang – entsinnen.

Sprechen wir also von der Tiefe der Musik, was kann dies dann unter einer philosophischen Rücksicht allein heißen? Es heißt: von der Tiefe der *Sache* Musik sprechen. Es heißt: ihren *Sach*anfang, ihren *Ursprung* und *Grund* ausfindig machen wollen. Wo anders aber können wir diesen Sachanfang der Sache Musik aufspüren als in der Dimension des demiurgischen, weltschaffenden Geistes oder der kreativen Subjektivität des Subjektes Mensch selbst – *in* dieser Dimension und am Ende *als* diese weltschaffende Subjektivität des Subjektes Mensch selbst?

Dieser Sachanfang von Musik allein gewährt uns das *Maß* von Musik als Kunstwerk. Denn es gibt vielerlei Tonwerk, das nicht zuläßt, es philosophisch auf den Begriff zu bringen, nämlich auf den Begriff Musik als *Kunstwerk* – wie schwer uns eine solche Abgrenzung in concreto auch fallen mag, weil wir eine gewisse Unschärfe wohl nicht ausschalten können.

Doch nach dem Grund von Musik zu fragen, setzt voraus, daß Musik wenigstens irgendetwas ist. Wenn wir Musik hören, so werden wir ihrer so gewiß, daß wir fast versucht sind zu meinen, man könne Musik so wenig verlieren wie irgendeine Sache, die so unverlierbar unser Eigen ist wie die Natur des Menschen.

Ist Musik ein Ding, eine Information?

Aber ist uns Musik wirklich so gegeben wie irgendein Ding irgendwo auf der Welt? Wenn wir auf diese Weise vorgehen, um Musik zu suchen, geraten wir gewiß in Verlegenheit. Denn wo und wann ist

117

denn Musik zu finden? Gegeben sind uns Musikwerke. Doch wie steht es mit Musik selbst? Kann sie ohne Rückbeziehung auf den Menschen auch nur gedacht werden?

Wir können leicht sagen, Musik sei dann zu finden, wenn sie erklinge. Ist dies wirklich so? Oder lassen wir uns täuschen durch den Klang, den unser Ohr hört? Oder ist Musik nicht vielmehr ein Signal, das uns irgendeine Information gibt?

Doch worüber informiert uns denn Musik? Über uns selbst, über irgendeine Stimmung unserer selbst? Ist Musik die Ursache für diese Stimmung? Oder ist Musik nur der Anlaß dafür, uns selbst auf diese Weise zu erleben? Oder ist es vielleicht die Frequenz, die Amplitude, sind es Schwingungsvorgänge, die uns in Stimmung halten, solange unser Ohr durch sie erregt wird? Wir hören die Höhe oder Tiefe eines Tones. Sind diese nicht verursacht durch die Anzahl von Schwingungen pro Zeiteinheit, die die Tonhöhe bestimmt? Was aber soll denn diesem physikalischen Vorgang die Kraft verleihen, etwas zu verursachen, was diese Vorgänge selbst gar nicht sind?

Führt uns diese Überlegung nicht schon vor das philosophisch so verwickelte Problem, ob die Wirkung mehr in sich begreifen könne als die Ursache, so daß eine inhaltslose Schwingung gar in der Lage wäre, einen ganz bestimmten Stimmungs*gehalt* in uns zu erzeugen? Diese letzte Konsequenz macht uns nachdenklich. Denn sie legt uns die Frage nahe, wie es denn mit dem Kausalitätsprinzip stehe, nach welchem die Wirkung nicht mehr in sich zu fassen vermag als an Gehalt in der Ursache schon beschlossen ist.

Bereits an diesem Beispiel werden wir der Grenze gewahr, über die wir hinauskommen müssen, wenn wir Musik nicht nur *hören* wollen, sondern wenn wir sie *vernehmen* sollen. In dem Bereich des Physikalisch-Akustischen läßt sich kaum ein Grund angeben, der uns einsichtig machen könnte, daß eine Wirkung mehr in sich schließe als ihre Ursache enthält.

Diese Schwierigkeit stellt uns vor die Frage: Kann das akustische Moment der Musik überhaupt der zureichende Grund für ein Musikerlebnis sein? Kann auf dem Faktenboden einer meßbaren Schwingung überhaupt das greifbar werden, was Musik zur Musik macht? Kann durch Fakten überhaupt gezeigt werden, daß Musik etwas anderes ist als ein Aggregat von Signalen?

Zur Zeitgestalt der Musik

Doch können wir auf einem freilich viel differenzierteren, aber auch anfälligeren Boden, nämlich dem der Zeit, einen Zugang zu Musik suchen? Ist es vielleicht Zeit, die Musik nicht nur bedingt, sondern die sie auch entstehen und hervorgehen läßt? Denn wer wollte bestreiten, daß Musik Bewegung in der Zeit ist, so daß die temporale Struktur des Tonmaterials ›Tonhöhe, Tondauer, Klangfarbe, Tonstärke‹[1] uns vielleicht Aufschluß darüber gibt, wodurch denn das Werden von Musik möglich ist?

Aber kommen wir durch den Rückgriff auf Zeit in unserer Musikerkenntnis wirklich einen Schritt weiter? Denn wenn wir uns das Problem Musik durch das Moment der Zeit zuspielen lassen, dann stehen wir vor der philosophisch nicht weniger gewichtigen Frage: Was ist denn Zeit? Woher kommt sie? Worin gründet sie?

Wir scheinen zwar, obenhin gedacht, zu wissen, was Zeit ist. Denn wir erfahren sie in jedem Augenblick. Und doch, wenn wir innehalten, um uns auf Zeit zu besinnen, so scheint sie uns zu entgleiten. Unser so gewisses Wissen um Zeit wird fragwürdig. Denn wie soll Zeit begriffen werden, solange wir sie wie eine Tatsache zu greifen versuchen und nicht zuvörderst bedenken, ob sie denn an sich selbst überhaupt irgendetwas zu sein vermöge? Läßt sich Zeit überhaupt anders als auf dem Rücken von ›Etwas‹ fassen, ehe es sich uns zeitlich auslegt?

Wenn uns Musik schon als akustisches, physikalisches, physiologisches Faktum verschlossen bleibt, um wieviel mehr enttäuscht uns der verheißungsvolle Rückgriff auf Zeit in dem Augenblick, da wir von ihr die Antwort auf die Frage erwarten: Was ist denn nun Musik? Was qualifiziert denn das musikalische Schaffen als musikalisch?

Musik betrifft uns zwar in ihrem faktischen Vollzug immer nur im Medium der Zeit. Doch auch wenn wir weiterfragen, ob uns das Element des Raumes keinen Zugang zu Musik gewähre, da doch ›jede Wirkung einer Musik‹[2] von der Richtung des Schalles und seiner Distanz abhängig ist, geraten wir abermals in dieselbe Verlegenheit. Gewiß ist das Ohr ein ›überaus feiner Zeitmesser‹. Das Ohr hört

---

[1] Vgl. Kurt von Fischer, ›Das Zeitproblem der Musik‹, in: ›Das Zeitproblem im 20. Jahrhundert‹, Bern 1964, S. 312 ff.
[2] Ibid. S. 298.

Intervalle, also den durch Zahl gemessenen Zeitraum. Aber auch das Element des Raumes gibt uns das nicht frei, was wir suchen: den Sachanfang von Musik.

Damit stehen wir nun vor der Frage, ob uns nicht in der Tat nur die Thematisierung des musikschaffenden Menschen selbst aus diesem Engpaß faktischer Musikerfahrung herausführen kann. Wollen wir also den Punkt benennen, von welchem aus das Problem Musik philosophisch aufgerollt werden kann, so bleibt uns gar nichts anderes übrig, als uns dem musikalischen Schaffen der kreativen Subjektivität des Subjektes Mensch zuzuwenden.

Das Beiwort ›musikalisch‹

Unser Augenmerk wendet sich nun auf jenen Schaffensprozeß, der durch das Attribut ›musikalisch‹ qualifiziert ist. Denn soll von einem muskalischen Weltentwurf die Rede sein, so sind wir genötigt, bei jener Kreativität anzusetzen, die als Urmusikalität des Menschen dieser schöpferischen Tat jene unverwechselbare Qualität verleiht, die uns allererst zu der Frage ermächtigt: Warum ist überhaupt Musik? Damit gewinnt das Attribut ›musikalisch‹ eine wesensbestimmende Bedeutung für jene Tat des Menschen, deren Werk der musikalische Weltentwurf ist.

Wir würden unser Problem nun allerdings zu kurz fassen, wenn wir es lediglich dabei bewenden ließen, den Akt musikalischen Schaffens zu beschreiben, wenn wir also nur fragten: Was geschieht denn durch die hervorbringende Tat kreativen Handelns, durch die Musik entsteht? Ließen wir es nämlich bei dieser analysierenden Beschreibung bewenden, so führte unser Nachdenken über Musik zuletzt doch nur wieder dazu, nun das rätselhafte Geschehen musikalischer Spontaneität, musikalischer Produktivität, Reproduktivität und Rezeptivität zur Kenntnis zu nehmen. Die entscheidende Frage aber, warum denn dies alles *notwendig* so geschehen muß, wie es geschieht, damit überhaupt das Kunstwerk Musik entstehen kann, bliebe deshalb offen, weil wir uns wiederum keine Rechenschaft darüber geben würden, welches denn der Grund ist, der die Möglichkeiten von Musik solange in sich verschlossen hält, bis ein kreativ tätig werdendes Subjekt die unberechenbaren Möglichkeiten von Musik dadurch entdeckt, daß es Musik hervorbringt.

Die poietologische Seinskonstitution des Menschen

Soll vom musikalischen Weltentwurf des Menschen die Rede sein, so ist es unumgänglich, den Gedanken der poietologischen Seinskonstitution des Menschen ins Zentrum der Überlegung zu rücken. Das Wort ›poietologisch‹ vereinigt in sich den Bedeutungsgehalt von ›poíēsis‹ und ›lógos‹. Poiesis meint dasselbe wie Procreatio, schöpferische Hervorbringung. Der spezifisch künstlerische Charakter schöpferischer Hervorbringung ist dann nicht zu übersehen, wenn sich mit der Poiesis der Logos verbindet, mit dem hervorbringenden Schaffen der Sinn.

Wenn das musikalische Schaffen unter den Begriff der Poiesis gebracht wird, so ist ›poiein‹ allerdings im Gegensatz zur Übersetzung dieses Wortes in Strawinskys ›Musikalischer Poetik‹ eben nicht nur als bloßes ›machen‹ zu fassen. Gemacht, hergestellt wird vieles; geschaffen aber nur weniges; gar schöpferisch getan nur dann etwas, wenn der Mensch kraft seiner künstlerischen Natur etwas hervorbringt, was bislang noch nicht dagewesen ist, was zwar in einer kreativen Tat eigener Art reproduziert, nämlich *interpretierend* wiederholt werden kann, ja, wegen der Fragilität seiner Zeitgestalt an diese kreative Tat unerläßlich gebunden ist, aber nur ein einziges Mal in einem geschichtlichen Augenblick als dieses neue, unerwartete, im vorhinein nicht berechenbare Etwas entworfen wird.

Durch die poietologische Seinskonstitution des Menschen wird allererst verständlich, weshalb wir von einem authentischen und darum verbindlichen Schaffen des Künstlers sprechen können. Die poietologische Seinskonstitution ist jene Kraft, durch die der Mensch zum Urheber von etwas werden kann. Es wäre keine Verzeichnung der künstlerischen Natur des Menschen, wenn wir sagen würden, daß in diesem kreativen Akt etwas hervorgebracht wird, das keine Seinsvergangenheit kennt, wohl aber Zukunft hat.

So könnte also das Thema unserer Überlegung auch gelautet haben: ›Die Poietologie der Musik‹ oder: ›Die Lehre vom Seinsgrund der Musik‹.

Soll nun die Struktur dieses Seinsgrundes sichtbar gemacht werden, so ist nach den Wesenszügen, nach den Kriterien, also nach den Prinzipien dieser poietologischen Seinskonstitution des Menschen zu fragen. Wodurch ist die poietologische Natur des Menschen bestimmt? Sie ist bestimmt durch die Momente der Freiheit, der Vernunft und der Sinnlichkeit.

Das poietologische Moment der Freiheit meint nun freilich nicht, daß der künstlerisch Schaffende wählen könne, welches Kunstwerk er hervorbringen wolle. Mit poietologischer Freiheit meinen wir vielmehr die kreative Urpotenz des Menschen, sein Urvermögen, das aber gerade nicht ein dunkler Grund seiner Subjektivität ist, sondern vernunftdurchdrungenes, rationales Sein. Sprechen wir also von der poietologischen Freiheitskonstitution des Menschen, so zielen wir auf das Vermögen des Menschen, prokreativ zu handeln, also im buchstäblichen Sinne aus sich selbst als Ursache ein Sinngebilde zu setzen, das wir Kunstwerk nennen.

Das Vernunftmoment der poietologischen Seinskonstitution macht deutlich, daß Kunst nicht aus einem irrationalen Grund der Subjektivität des Subjektes entspringt. Was dem Begriff des Irrationalen nämlich sachlich zugrunde liegt, ist nichts anderes als der noch nicht bewußt gewordene, noch nicht aufgehellte Sinngrund als die noch nicht aufgehobene Indifferenz vernunftdurchdrungener Freiheit.

Die Verwechslung von Zufall und Einfall

Es heißt darum den Zufall mit dem Einfall verwechseln, wenn man die Spontaneität des künstlerischen Schaffens aus einer Irratio erklären will. Denn die Irratio wäre dann dazu verurteilt, zufällig etwas hervorzubringen, das keine Rechtfertigung in sich selbst hat und darum keinen authentischen Anspruch erheben kann. Fällt dem Menschen hingegen etwas ein, so ist seine poietologische Natur dazu bewegt, gemäß der Vernunft dieses Einfalls zu verfahren und erst so etwas von Grund auf gerade Nichtbeliebiges zu setzen. Die Indifferenz der Freiheit, die lautlose Stille, die im poietologischen Akt durchbrochen wird, ist das Ganze der Sinnmöglichkeit, das ins Spiel gebracht werden muß, wenn ein Kunstwerk gelingen soll.

Das Erregende dieser Analyse der poietologischen Seinskonstitution des Menschen ist, daß der Mensch im kreativen Akt zwar keineswegs etwas aus Nichts hervorbringt, wohl aber ein Kunstwerk dadurch entstehen lassen kann, daß er das poietologische Sein, das er selbst ist, sich zu Gesicht und zu Gehör bringen kann.

Nun erst läßt sich sagen, wodurch der Einfall sich vom Zufall unterscheidet. Der Einfall unterscheidet sich vom Zufall durch den Charakter der *Wesensnotwendigkeit.* Er ist zwar im vorhinein nicht berechenbar, nicht erwartbar und daher auch nicht erzwingbar. Dennoch ist der Einfall von Grund auf ideebestimmt. Darin hat er seine Sinnotwendigkeit, die auch die künftige Verfahrensweise des Schaffens bestimmt.

Der Zufall stellt kraft seiner Beliebigkeit in den Raum der Unsicherheit, der Ungewißheit. Es bleibt die Frage: Was soll aufgrund eines Zufalls geschehen, wenn nicht wieder ein zufälliges, also ein beliebiges Irgendetwas? Der Einfall dagegen als von Grund auf sinngeführter wird zum konkretisierten Sachanfang eines Werkes. Verbindet sich mit der Divination des Einfalls jedoch nicht die sauere Arbeit der Durchgestaltung, dann wird der Einfall allenfalls zum provokanten Anspruch. Er bleibt steril. Denn es gebricht ihm der realisierende Wille zum Werk. Aber vergäße man die zähe Vorarbeit, die nötig ist, damit der Einfall, falls er geschieht, überhaupt als Einfall wahrgenommen werden kann, so bliebe er nicht minder ohne Wirkung. Die Vorbereitung des Einfalls liegt beim schaffenden Subjekt. Der Einfall selbst aber steht quer zu Zeit und Arbeit.

Was also ist Musik?

Lenkten wir aber an diesem Punkte unserer Überlegung den Blick nicht auf ein drittes Moment der poietologischen Seinsverfassung des Menschen, dann dächten wir gerade an dem vorbei, was dem kreativen Akt den spezifischen Charakter künstlerischen Schaffens verleiht. Denn was wäre das bildnerische Tun, wenn es nicht notwendig bezogen wäre auf den einen der beiden theoretischen Sinne der Sinnlichkeit des Geistes, den wir Gesicht nennen? Was wäre das gestaltende Tun musikalischen Schaffens, wenn es nicht in einem Wesensbezug stünde zu dem anderen theoretischen Sinn der Sinnlichkeit des Geistes, der Gehör heißt?

Gesicht und Gehör haben zu ihrem Prinzip des Strukturmoment der Sinnlichkeit der poietologischen Natur des menschlichen Geistes. Geist nämlich ist der Inbegriff von Vernunft, Freiheit und Sinnlichkeit. Zwar können die *fünf Sinne* nicht im Bereich des Geistes tätig werden. Doch ihr Prinzip, Sinnlichkeit selbst, ist ein Wesenszug des poietologischen Seins der menschlichen Natur.

Wird das ontologische Prinzip Sinnlichkeit im kreativen Akt als Gehör leitend und tritt es damit in einen für diesen Akt integrierenden Bezug zu Zeit, dann schafft der Mensch musikalisch. Er gestaltet den Stoff der Zeit durch Vernunft rhythmisch und macht ihn so dem inneren Ohr vernehmlich. Dann erst vernimmt der·Mensch etwas, wenn er hört.

Was also ist Musik? Eine vernunftdurchdrungene oder sinnerfüllte Zeitgestalt. In diesem Sinne allein läßt sich Musik auch philosophisch als Zeitgestalt erfassen.

Doch, so ist nun im Blick auf das Thema ›Der musikalische Weltentwurf‹ zu fragen: Erschöpft sich die philosophische Aussage über Musik in dem Satz: Musik ist sinnerfüllte Zeitgestalt? Ist dies das Ganze ihres philosophischen Bedeutungsgehaltes? Oder gibt uns Musik nach diesen Überlegungen noch anderes zu verstehen, falls wir den Blick auf die poietologische Seinsverfassung des Menschen zurücklenken?

Die Revision der alltäglichen Weltvorstellung

Wird das Thema Welt im Horizont der kreativen Natur des Menschen aufgenommen, so ist es wohl unumgänglich, unsere Vorstellung von Welt zu revidieren. Wenn wir in einem Alltagsverstand dem Wort Welt einen Sinn zuerkennen, so pflegen wir im allgemeinen zu glauben, wir hätten genug getan, wenn wir an den wohlgeordneten Raum eines Ganzen denken, dem wir den Namen Kosmos geben.

Doch falls wir uns auch nur die Vorstellung von der bloßen ›Sonderstellung des Menschen im Kosmos‹ für einen Augenblick zu eigen machten, könnte uns die gar nicht so abwegige Frage kommen: Befinden denn wir uns im Gehäuse eines sogenannten Kosmos? Oder findet sich nicht vielmehr im Menschen selbst eine Welt, über die er durch seine kreativen Möglichkeiten zu verfügen und zu herrschen vermag?

Bei dieser stillschweigenden Umkehrung unseres landläufigen Weltverständnisses könnte es geschehen, daß unser alltägliches Weltbewußtsein zerfällt und wir vor der diffizilen Aufgabe stehen, das denkende Subjekt als den alleinigen Orientierungspunkt zu begreifen, von dem aus der Mensch nun nicht mehr den Blick nach außen wendet, um in der Rolle des Zuschauers über diesen, sagen wir nun, faktischen Kosmos sich seine Gedanken zu machen.

Allein schon, wenn der Mensch sich vor die Aufgabe gestellt sieht, mit diesem Faktum Kosmos zu Rande zu kommen, vermag er dies nur, wenn er sich darauf besinnt, daß er sich in dieser Faktenwelt zu behaupten hat. Wie aber vermag er dies, solange er untätig bleibt, solange ihm noch nicht aufgegangen ist, daß er selbst der kreative Weltpunkt ist, auf den ihn das Faktum Welt dann zurückstößt, wenn er mit dem Schweigen einer faktischen Welt in Konflikt gerät? Zwingt ihn dieses kosmische Schweigen nicht dazu, es einmal mit sich selbst als dem Prinzip von Welterkenntnis zu versuchen? Ja, sieht er sich nicht gezwungen, mit sich selbst das Experiment zu machen, ob seine poietische Natur ihn nicht dazu befähige, selber Welten zu schaffen, um ihn in diesen Welt entwerfenden Akten erkennen zu lassen, daß die kreative Subjektivität des Subjektes Mensch selbst der, ob auch gleich aporetische, Sinngrund von Welt ist?

Die Rede von der ›Sonderstellung des Menschen im Kosmos‹ mag ein vorkritisches Bewußtsein bestechen. Aber sie nimmt den Menschen als ein ausgezeichnetes Faktum unter Fakten.

Es ist darum nicht zu verwundern, daß einer Philosophie, die den Menschen als Faktum begreift, seine poietologische Seinsverfassung überhaupt nicht zum Problem werden konnte. Sie beschreibt allenfalls sogenannte ästhetische Gebilde. Die Frage aber nach der Herkunft dieser ›Gebilde‹ ergibt sich erst gar nicht, wie die phänomenologische Ontologie der Kunst Roman Ingardens zeigt, falls man von einer phänomenologischen Ontologie in stricto sensu überhaupt sprechen kann.

Greifen wir nun an den Anfang unseres philosophischen Nachdenkens über Musik zurück, so geht jetzt wohl auf, welche Bewandtnis es mit dem Titel: ›Der musikalische Weltentwurf‹ hat. Der ontologische oder Sachanfang von Musik, der Antwort gibt auf die philosophisch bewegende Frage: Warum ist Musik möglich?, ist die demiurgische, weltschaffende Subjektivität des Subjektes Mensch selbst. Aufgrund der Struktur dieses Sachanfangs von Musik kann philosophisch allererst geantwortet werden auf die Frage: Was ist Musik?

Erweist sich aber dieser Sachanfang von Musik als das ontologische Prinzip der kreativen Subjektivität des Subjektes Mensch selbst und damit als das Prinzip jedweder prokreativen Tat des Menschen, darin er Welt als Explikation seiner selbst, nämlich als desjenigen Wesens entwirft, das allein Welt als Welt der Prinzipien in sich verwahrt, so ist deutlich, in welchem ontologischen Kontext der Titel: ›Der musikalische Weltentwurf‹ zu lesen ist. Der musikalische Weltentwurf ist *eine* Weise möglicher Weltentwürfe, in denen sich das ›weltseiende Wesen Mensch‹ sich als diese seine demiurgische Welthaltigkeit *metaphorisch* entgegensetzt und so zu einsichtiger Gegebenheit bringt.

Die Weltmetapher Musik

Ist die Sache Musik aber in ihrem ermöglichenden Grunde bezogen auf das Strukturmoment des Geistes ›Sinnlichkeit‹ in seiner spezifischen Qualität als Prinzip des theoretischen Sinnes ›Gehör‹, dann wird im prokreativen Akt musikalischen Schaffens die *eine* kreative Subjektivität des Subjektes unter der besonderen Rücksicht des theoretischen Sinnes ›Gehör‹ als Metapher dieses einen ›weltseienden Wesens Mensch‹ gegenwärtig gesetzt. Insofern aber das eine ›weltseiende Wesen Mensch‹ das ontologische Subjekt dieser Metapher ist, können wir von der sinnerfüllten Zeitgestalt ›Musik‹ zu Recht als von der *Weltmetapher* Musik sprechen.

Warum aber sprechen wir von einer Metapher? Deshalb, um nicht Gefahr zu laufen, unter der Hand eine Wesensverdoppelung in diesem prokreativen Akt zu behaupten. Das Wesen ist das eine und selbe an seinem Grunde. Indem es prokreativ hervorbringt, tätigt, was es als Inbegriff seiner kreativen Möglichkeiten ist, legt es sich in seinem Weltvermögen, in seiner Weltpotenz aus.

Daß es sich aber auslegen *muß*, sich als wirklicher Inbegriff möglicher Welt in faktische Wirklichkeit überführen *muß* und sich damit auch dem Ringen mit der Negativität von Zeit ausgesetzt erfährt, weist auf die unaufhebbare Aporetik dieses Grundes: Grund, aber nicht absoluter Grund seiner Weltmetapher zu sein.

Wäre es absoluter Grund oder absolutes Subjekt seiner Prokreativität, dann wäre es nicht genötigt, sich in Metaphern entgegenzusetzen, um sich allererst auf die Spur zu kommen. Und darum ist auch die Weltmetapher Musik Metapher der aporetischen Seinsverfassung des ›weltseienden Wesens Mensch‹, das die eine unaufhebbare Urverlegenheit seiner poietologischen Natur, nur im Schnittpunkt von Absolutheit und Nichtigkeit faßbar zu werden, in seinen Weltmetaphern mit gegenwärtig setzt. Darum läßt sich das Problem einer absoluten Musik im Horizont der aporetischen Seinsverfassung der poietologischen Natur des Menschen nicht ansetzen. Der Gedanke von einer absoluten Musik bleibt ein künstlerisches Ideal.

Das ideologische Risiko künstlerischen Schaffens

Kann nun aber nach diesen Überlegungen auch nur der Gedanke noch zugelassen werden, das Musikwerk sei ein ›opus utile‹? Welchen Nutzen erbringt Musik?

Kann es noch befremden, wenn wir antworten: Keinen – unter Rücksicht einer *Prinzipien*überlegung?

Musik ›entlastet‹ nicht. Sie macht uns keine ›schönere Welt‹. Denn wovon sollte sie uns entlasten, wenn nicht in absurder Weise gerade von dem, dessen Weltentwurf sie ist? Die Weltmetapher Musik hat ihren Zweck in sich selbst. Sie untersteht keinem anderen Gesetz als der Selbstgesetzlichkeit der poietologischen Natur des Menschen.

Musik in einer durch Ideologien wesentlich bestimmten Epoche in weltanschauliche Dienste zu nehmen, heißt ihre durch die kreative Subjektivität des Subjektes Mensch als *Selbstzweck* bestimmte ontologische Grundintention gerade für die Destruktion ihres humanen Charakters mißbrauchen.

Wie weit ein jeweiliges Gesellschaftssystem das freie und authentische Schaffen des Künstlers zuläßt, entscheidet darüber, ob der Mensch in dieser oder jener Epoche der Kunst seiner selbst als des geschichtlichen Absolutpunktes von Welt gewiß zu werden vermag. Die ideologische Nutzung des musikalischen Schaffens verfremdet seine Authentizität, indem sie ein falsches, seinen humanen Grund gerade verschließendes Bewußtsein erzeugt. Denn der Mensch erliegt dem Trug einer Welt, zu deren illusionärem Schein ein musikalisches Schaffen wird, das dafür blind macht, daß es selbst Verbrechen travestiert und so an der Vernichtung einer Welt mitwirkt, deren humanen Grund es aufdecken sollte.

Wer jedoch versucht, sich der Konfrontation mit einer ideologischen Situation gerade dadurch zu entziehen, daß er wähnt, in die Welt der Musik flüchten zu können, und Musik dennoch zugleich als einen Entwurf der Innerlichkeit des Menschen begreifen will, überantwortet in Wahrheit seine musikalische Natur an eine faule Subjektivität. Dieses so im vorhinein depotenzierte Musikerleben aber vermag nicht darüber hinwegzutäuschen, daß das, was bei dieser Realitätsflucht in die Musik geschieht, nur der Aufschub einer existentiellen Verzweiflung ist.

Es ist daher keine Beiläufigkeit ideologisch bestimmter Epochen, wenn die philosophische Urfrage: ›Warum?‹ dadurch gegenstandslos zu werden scheint, daß es gelingt, sie im zeitgenössischen Bewußtsein und damit auch im künstlerischen Bewußtsein einer Epoche zu unterlaufen. Denn an dieser Schicksalsfrage hängt das Wissen um den humanen Seinsgrund der Kunst, ihr authentischer Anspruch und die Verantwortung des Künstlers.

Allein dieses philosophische Wissen um den Ursprung der Kunst vermag die Kraft zu entbinden, den musikalischen Weltentwurf des Menschen dennoch in jeder Epoche neu zu wagen – auch wenn das wachsende ideologische Risiko für das Kunstschaffen der Neuzeit unvermeidbar geworden ist.[3]

[3] Vgl. hierzu auch Werner Beierwaltes, ›Musica exercitum metaphysices occultum? Zur philosophischen Frage nach der Musik bei Arthur Schopenhauer‹, in: ›Festgabe für Manfred Schröter zum 85. Geburtstag‹, München-Wien 1965, S. 215ff.

Wiebke Schrader Gott als Weltproblem oder der Begründungsengpaß des anthropologischen Weltgrundes

I

Die folgenden Überlegungen setzen sich zum Ziel, die vielleicht beunruhigendste Frage der Philosophie unter den Bedingungen des neuzeitlichen Problembewußtseins wieder aufzunehmen. Insofern möge der Titel dieses Beitrages[1] als eine Herausforderung in Sachen eines Interesses verstanden werden, von dem wir nicht unterlaufen können, daß es *das* Interesse des Menschen betrifft.

II

Ich versuche zunächst, den Ansatz und die Begrifflichkeit meiner Überlegungen kurz zu erläutern.

Von einem *anthropologischen Weltgrund* oder vom *humanen Seinsgrund von Welt* zu sprechen, mag im Augenblick befremden. Doch dürfte sich diese Befremdlichkeit auch sofort auflösen, wenn wir

---

[1] Die vorliegenden Ausführungen gehen auf einen Vortrag zurück, der im Rahmen der ›Europäischen Nietzsche-Gesellschaft‹ am 5.9.1976 in St. Moritz unter dem Titel: ›Metaphysik als Weltwissenschaft‹ gehalten und in Bd. 3 – 1977 des Neuen Jahrbuches ›Perspektiven der Philosophie‹, Berlinger/Fink†/Kaulbach/ Schrader (Hrsg.) Amsterdam – Hildesheim, S. 115 ff, zuerst veröffentlicht wurde. Sie erscheinen zu diesem Anlaß in durchgesehener, ergänzter und nochmals überprüfter Form. Für den ursprünglichen Titel verweise ich auf *Rudolph Berlinger:* ›Philosophie als Weltwissenschaft‹, Reihe ›Elementa‹, Schriften zur Philosophie und ihrer Problemgeschichte, Berlinger/Schrader (Hrsg.) I, Amsterdam 1982², II, Amsterdam 1980. Zum detaillierteren Zusammenhang der vorliegenden Ausführungen vgl. besonders meine beiden Abhandlungen: ›Die Dringlichkeit der Frage nach dem Individuum‹, ›Perspektiven der Philosophie‹, Bd. 8 – 1982, S. 29 ff., und ›Die Erprobung der Mitte, Abbreviatur zu einem augustinischen Topos‹, ebenda, Bd. 4 – 1978, S. 215 ff., und Bde. 5–7 (Anmerkungen und Exkurse), 1979–1981.
Der letzte Anstoß, dieses mich seit langem bewegende Thema nicht länger aufzusparen und einen ersten Versuch zu wagen, ging von einem Briefwechsel mit dem philosophischen Freunde Jan Patočka aus, dem tapferen und so sehr hoffenden Sprecher der Charta '77.

uns des augustinischen Imperativs entsinnen: ›Noli foras ire ...‹ –
›Gehe nicht nach außen, gehe in dich selbst zurück – im inneren
Menschen wohnt Wahrheit‹[2].

Wir verfehlen nämlich schon das noch offenbarungstheologisch
unterfangene Denken Augustins nicht, wenn wir seinen Imperativ, der
zu einer bewegenden Kraft für die Entstehung des neuzeitlichen
Selbst- und Weltbewußtseins geworden ist, auch in einem neuzeitlichen Sinne umformulieren: ›Gehe nicht nach außen, gehe in dich selbst
zurück – im inneren Menschen wohnt *Welt*‹.

Damit ist die ›welthaltige‹ und ›weltvermögende‹ Wesenswirklichkeit Mensch als der ›Bestimmungsgrund Mensch‹ eines jeden Menschen ausgesagt, unsere *apriorische Natur*. – ›A priori‹: das, was nicht
der *Zeit,* sondern der *Sache* oder dem *Sein* nach das ›Prius‹, das ›Erste‹
ist und insofern ›Apriorität‹ beansprucht.

Ich muß kaum betonen, daß schon und gerade Augustins ›Innerlichkeit‹ auf eine ›*Seinswirklichkeit*‹ und nicht auf eine ›*Erlebniswirklichkeit*‹ zielt, um einem verbreiteten Mißverständnis zu steuern. Die
›Erlebniswirklichkeit‹ ist relativierbar, die ›Seinswirklichkeit‹ nicht.

Die ontologisch gefaßte ›Innerlichkeit‹ des ›homo interior‹ hebt auf
das ›*weltseiende Wesen Mensch*‹[3], auf die ›*Prinzipienwirklichkeit Welt*‹
in Gestalt unserer zeitüberlegenen Wesenswirklichkeit ab.

Aufgrund dieser ihm aufgehenden Urnatur seines Seins beginnt
sich der Mensch spätestens seit der Epochenschwelle der Renaissance
als *Weltprinzip* nach dem Maß seiner ›Welthaltigkeit‹ und als *Weltsubjekt* nach dem Maß seines ›Weltvermögens‹, seines wesenhaften – und

---

[2] ›Noli foras ire, in teipsum redi; in interiore homine habitat veritas.‹ *Augustinus,*
De vera religione 39, 72.
   Ich bin mir ungeachtet des anschließend Gesagten der Problematik dieser Stelle
aus ihrem nicht ganz einfachen Kontext von der ›natura mutabilis‹ und dem Gebot,
auch sie zu ›übersteigen‹, bewußt, mit dem noch Nikolaus von Cues ringt. Vgl.
Wiebke Schrader, ›Vom genauen Namen aller Dinge‹, in: ›Sein und Geschichtlichkeit‹, Festschrift für Karl-Heinz Volkmann-Schluck, Schüßler/Janke (Hrsg.)
Frankfurt a.M. 1974, insbes. S. 101f. Es sei indessen dieser Problemverweis
gestattet, daß die auch dem ›homo interior‹ zuerkannte ›natura mutabilis‹ nicht auf
eine ›Wandelbarkeit‹ in der Bedeutung der ›Vergänglichkeit‹ zielt, sondern dem
entspricht, was im weiteren hier als die aporetische Seinsverfassung des anthropologischen Weltprinzips abgehandelt wird, als die ›nichtsbetroffene‹ kreative Urnatur des Menschen.
[3] Vgl. zu diesem Terminus *Rudolph Berlinger,* ›Die Authentizität der Welt‹, in:
›Vom Anfang des Philosophierens, Traktate‹, Frankfurt a.M. 1965, S. 91.

mit Nietzsche – ›herrlichen Könnens‹[4] zu begreifen, und tritt damit seine *endliche Weltherrschaft* als Erprobung und Verlockung seiner demiurgischen Wesensrolle, seiner entdeckten weltbildnerischen Potenz, an.

Dies also ist gemeint, wenn vom Menschen als Weltsubjekt die Rede ist: Wir sind es, die den durchtragenden oder Seinsanfang von Welt in unserer Wesenswirklichkeit verwahren, die das Seinsvermögen, eine Welt anzufangen, nämlich geschichtliche Weltgestalten hervorzubringen, immer schon mit uns führen.

Das macht den unhintergehbaren ›Weltcharakter‹ des Menschen aus, daß er *in sich selbst* an den Grund von Welt zu rühren, *sich selbst,* seine weltbildnerische Potenz, im Akt seiner Selbstergründung als die ›*ontologische Vorläufigkeit‹ von Welt im Menschen*[5] ans Licht zu ziehen vermag. Der vorgängige Seinsanfang von Welt im Menschen, das ist es, was uns den Rang von Weltsubjekten und unser ontologisches Antlitz von ›Weltdemiurgen‹, von schöpferischen Weltbildnern, verleiht.

Was aber bedeutet es, wenn diesem Weltbildnertum des Menschen das Attribut ›*endlich*‹ zugewiesen wird?

Der *philosophische* Begriff der ›Endlichkeit‹ ist vom Problem der *Negativität,* von jener nicht zu löschenden Hypothek der ›*Nichtsbetroffenheit‹,* nicht freilich ›Nichtsdurchgriffenheit‹, von Welt her anzusetzen.

Wird der Begriff der ›Endlichkeit‹ aber aus diesem Problemansatz entwickelt, dann hat er weder ein ›Unendliches‹ zu seiner axiomatischen Voraussetzung, noch ist er punktuell und quantitativ zu nehmen, als höbe er auf einen ›punktuellen‹ Weltanfang oder ein ›punktuelles‹ Weltende ab. Blieben wir nämlich einem ›quantitativen Limit‹ im

---

[4] *Friedrich Nietzsche,* ›Socrates und die griechische Tragoedie, Ursprüngliche Fassung der Geburt der Tragoedie aus dem Geiste der Musik‹, (hrsg. von Hans Joachim Mette), München 1933, S. 59.

[5] Zum Begriff der ›ontologischen Vorläufigkeit‹ und zum problemgeschichtlichen Hintergrund dieses Gedankens vgl. *Rudolph Berlinger,* ›Augustins dialogische Metaphysik‹, Frankfurt a. M. 1962, S. 64, 163, 185 (in der Problementfaltung passim); *derselbe,* ›Das Werk der Freiheit. Zur Philosophie von Geschichte, Kunst und Technik‹, Frankfurt a. M. 1959, S. 56; *derselbe,* ›Das Nichts und der Tod‹, Frankfurt a. M. 1972², S. 181. Ebf. dazu *Wiebke Schrader,* ›Zu Marx' 11. These über Feuerbach‹, I (ontologisch-erkenntnis-theoretische Überlegungen), ›Perspektiven der Philosophie‹, Bd. 1, Amsterdam 1975, insbes. S. 174.

Begriff der ›Endlichkeit‹ verhaftet, dann nötigte uns dieses allerdings auch dazu, einen Weltbegriff unter der Signatur der ›Endlichkeit‹ auf ›Erstreckungen in der Zeit‹ zurückzunehmen und auf ›räumliche Wölbungen‹ einzuschränken.

Der aus der unaufhebbaren ›Nichtsbetroffenheit‹ von Welt angesetzte Begriff der ›Endlichkeit‹ intendiert eine *qualitative* Bestimmung. Er zielt auf eine ›*Qualität*‹ des Weltseins: in das ›Seinsdilemma‹ von *Zureichen und Nichtzureichen*, von *Notwendigkeit und Zufälligkeit* in der Gründung des Selbstandes von Welt verfaßt zu sein.

Diese *aporetische Seinsverfassung* von Welt steht mit der ›Qualität‹ der ›Endlichkeit‹ zum Thema. ›Endlichkeit‹ als ›Wesenszug‹ des Weltseins hebt auf die aporetische, verlegen machende Grundkonstellation des in der demiurgischen Subjektivität des Weltsubjektes Mensch verwahrten Weltprinzips ab: als ›*weltimmanenter*‹ *Weltgrund* ›*zuzureichen*‹, aber als ›*zureichender Grund*‹ *von Welt*, als ihr ›autonomischer‹, absoluter Selbstand *zu versagen*.

Darin ist die ›Grenze‹ unseres Weltvermögens, seine ›qualitative Limitierung‹ gelegen, eine ›*in sich*‹ notwendige, gesetzliche, in *einem* Prinzip zusammenhängende, aber ›*an sich*‹ zufällige, kontingente Welt zu unserer demiurgischen Disposition zu haben.

Die entscheidende Frage freilich, die sich auch mit dem Gedanken von einer ›wesenhaften Endlichkeit‹ des Weltseins stellt, soll hier nicht auf sich beruhen bleiben, die Frage nämlich, was dazu zwingt, von einer unelimininierbaren ›Nichtsbetroffenheit‹ von Welt zu sprechen.

Daß die Selbstergründung des anthropologischen Weltprinzips überhaupt nötig ist, daß der Schritt von einem *noch* dunklen, *noch* uneingesehenen, unaufgehellten Grunde zu einem *nunmehr* eingesehenen, aufgehellten Grunde hier und jetzt, in einem geschichtlichen Akt, überhaupt getan werden muß, läßt bereits erkennen, daß dieser Grund nicht von absoluter Seinsart ist und daß deshalb auch aus dem *Resultat* dieser Selbstergründung ein diesem Grunde anhaftendes ›nicht‹ nicht ausfällbar ist.[6]

---

[6] Vgl. dazu auch den seinerzeitigen Anschlußvortrag der St. Moritzer Tagung: ›Die Weltgestaltung der Philosophie‹ – *Rudolph Berlingers* Auslegungen der Platon-Stelle (Politeia, 10. Buch, 617e): ›Schuld hat, wer da wählt. Gott ist ohne Schuld.‹ Jetzt in: Weltwissenschaft II, S. 121 ff.; ebf. dazu *Rudolph Berlinger*, ›Die Urtat der Selbstergründung des Denkens‹, Weltwissenschaft I, S. 27 ff.

III

Nach diesem thesenhaften Aufriß nehme ich mein Thema nun gedrängt in Angriff.

Wir reiben uns an dem theologischen Satz einer ›*creatio ex nihilo*‹ – einer ›Schöpfung aus Nichts‹. Dennoch ist es so verständlich wie zuletzt ›taub‹, ihm fortwährend jenen: ›*ex nihilo nihil fit*‹ – ›aus nichts wird nichts‹ – entgegenzustellen. Es kann hier nicht auf seinen denkgeschichtlichen Hintergrund, das antike Hyleproblem eines urmitvorliegenden bestimmungslosen Urstoffes, eingegangen werden, nur als dessen ›Gegenwurf‹ er denkgeschichtlich auch zu verstehen ist.[7] Trotzdem wären wir besser beraten, den kontroversen Satz, statt uns an der Peripherie seiner ›logischen Anstößigkeit‹ aufzuhalten, auf seinen *philosophischen Gehalt* zu befragen und ihn als die theologische Problemformel der aporetischen Seinsverfassung von Welt zu begreifen. Schließlich hat auch dieser theologische Satz, ohne darum jetzt von seiner ›axiomatischen Prämisse‹ eines ›welttranszendenten‹ Anfanges unseres Weltwissens zu abstrahieren, ›a parte mundi‹ kein anderes Fundament als das quälende ›Begründungsdefizit‹, das uns aus der ›Gebrochenheit‹ unserer ›Weltnotwendigkeit‹ entsteht. Seine ›Wertstellung‹ ist die eines ›positiven Satzes‹. Als solcher ist er philosophisch nicht objektivierbar, im Welthorizont des Denkens nicht vermittelbar. Aber sein Sachfundament ist ein ›Weltfundament‹.

Das macht die ›Seinsverlegenheit‹ des anthropologischen Weltprinzips aus, die Aporie einer ›Weltnotwendigkeit‹, die nur als ›gebrochene‹ oder im ›Schnitt‹ von ›Zureichen‹ und ›Nichtzureichen‹ begeg-

---

[7] Vgl. dazu meine Untersuchung: ›Ob Aristoteles Gott hat beweisen wollen?‹ Perspektiven der Philosophie, bislang Bde. 11–13, 1985–1987, Amsterdam – Würzburg. Sie wird gesondert als Buch erscheinen. Vgl. dort (Teil I, 1985) auch das Anschneiden der mit der Rede von der ›Nichtsbetroffenheit‹ von Welt anstehenden ebenso brisanten wie quälenden Frage, wie Negativität in das Weltsein komme, nämlich wie ohne Beschädigung des Begriffes eines Absoluten von diesem überhaupt gedacht werden könne, es bringe der ›absolute Akt‹ eines Absoluten anderes als auch hinwiederum Absolutes in Hinsicht auf ein ›absolutes Gründen‹ einer ›nicht absoluten Welt‹ hervor (s. insbes. S. 186ff. und S. 234ff.).

Zur Dokumentation des Entstehens der Lehre von der ›creatio ex nihilo‹ bis in unmittelbar voraugustinische Zeit vgl. *Gerhard May*, ›Schöpfung aus dem Nichts‹, Arbeiten zur Kirchengeschichte 48 (begründet von K. Holl u. H. Lietzmann, hrsg. von Aland/Andresen/Müller), Berlin – New York 1978.

net: eine Welt zu gründen, die *sein kann*, aber nicht *sein muß* – die, ob sie gleich *in* diesem ihrem durchtragenden Anfang *ist*, dennoch zu denken nötigt, daß sie auch *nicht sein könnte*.

Freilich ist über den Abgrund des Gegenteiles durch das ›Daß des Weltseins‹ entschieden. Aber seiner beklemmenden Denkbarkeit sind wir deshalb nicht enthoben. Das Gegenteil ist nach der Seinsart des Weltseins begrifflich möglich und daher auch als diese begriffliche Möglichkeit aus dem Weltbegriff nicht wegzudenken. Wir mögen uns die ›Abstraktheit‹ dieses Gedankens einreden. Aber die Wahrheit des Weltseins hängt daran.

Daß Welt, *weil sie ist*, darum auch *notwendig ist*, dieser Übergang setzt uns zwar aus ihrer immanenten Notwendigkeit wie eine ›Fata Morgana‹ zu, ihr ›Sein‹ auch als ihre ›Notwendigkeit zu sein‹ einzuholen. Aber er offenbart auch die Tragödie einer Vergeblichkeit, die sich mit diesem ›Gaukelbild‹ verbindet, einem ›zum Greifen nahen‹ Ziel auch als einem *irrealen* zu folgen.

Es muß die unerbittliche Irrealität dieses Zieles ausgesprochen werden. Denn wir erliegen seinem Bann auch dann, und vielleicht am nachhaltigsten dann, wenn wir die ›Einspurung‹ unserer Weltaktivität auf diesen ›fliehenden‹ Übergang als einen Prozeß der ›unendlichen Annäherung‹ rechtfertigen.

Wir nähern die Seinsart des Weltseins unter den Bedingungen des Weltseins auch nicht ›unendlich‹ einem ›Sein‹ nicht von der Seinsart des Weltseins an. Wir ›immunisieren‹ unsere verführte Weltaktivität lediglich gegen jede Überprüfbarkeit des ›Seinsstandes‹ ihrer Bewegung. Die ›unendliche Annäherung‹ ist auf ein ›Wo‹ nicht stellbar. Ihre ›schlechte Unendlichkeit‹ ist die ›leere Unendlichkeit‹ der *›Maßlosigkeit‹*. In dieser unverhohlenen, für ein prinzipientheoretisch noch uneingeübtes Denken freilich unkenntlichen Kriterienlosigkeit liegt das ›Geheimnis‹ des utopischen Scheines beschlossen.

Es beschleicht denn auch die Frage, ob wir in diesen ›irrlichtigen‹ Topos eines ›unendliches Prozesses‹, gleich als müßten wir ein Fehlgehen unseres Weltwillens vor uns selbst verbergen, nicht vielmehr nur ›verstecken‹, was eine sogenannte ›alte Metaphysik‹ unter dem Theorem einer *›maior dissimilitudo‹*, einer immer ›größeren‹, doch *von Grund auf* ›größeren Unähnlichkeit‹, als den Kern- und Krisenpunkt ihrer Analogia-entis-Lehre[8] verhandelte. Der durch den analogischen Problemansatz bedingte Komparativ mag verleiten. Aber es ist ein qualitatives ›maior‹ und zielt auf eine ›ontologische Differenz‹. Es läßt sich nicht quantifizieren und gleichsam ›fließend‹ machen.

Erst wenn wir uns daher zu der schmerzlichen Einsicht von der inneren Unmöglichkeit des verlockenden Zieles durchzuringen vermögen oder – was in jenem ›Winkel‹ unseres Herzens, da niemand hinzutreten soll, der Wahrheit des ›tragischen Schauspieles‹ näherkommt, das wir auf der ›Bühne‹ unserer ›versuchbaren Endlichkeit‹ als das ›Stück‹ von ihrer Überwindung aufführen – dazu, diese Einsicht *zuzulassen*, können wir auch dem fatalen Handlungsgefälle entgegenzuwirken beginnen, das uns aus einer bereits gezogenen Leidensspur entsteht: deshalb in seiner Anstrengung nicht einzuhalten, weil wir, wie es Feuerbach einmal auch ins Wort gehoben hat,[9] nicht ›umsonst‹ gedacht und gelitten haben wollen, weil die Menschheit ihren ›Arbeitslohn‹ – das Gelingen des Ungelingbaren – verlange.

Wir werden uns nämlich fragen müssen, ob es nicht gerade die ›im Namen‹ unserer ›höchsten Utopie‹ – dieses unmenschlichen ›Prinzips Hoffnung‹, das nur Gegenwart ›verzehrt‹ und ›gegenwärtig Rechtlose‹ schafft – schon erbrachten Opfer sind, die den Schein von der Wahrheit des utopischen Ideals ›substanziieren‹ und es allererst auch zu einer realen geschichtlichen Macht in einer Epoche werden lassen.

Dann aber werden wir auch nicht um eine Hoffnung ärmer, sondern ziehen uns nur von einem aufspringenden Abgrund weg, in den uns die Hervorbringung einer ›menschlichen Welt‹ entgleiten will, wenn wir die *geschichtliche Macht* zu brechen versuchen, die die utopische Verlockung vom ›Greifen‹ einer ›autonomischen That‹[10] als eine bewegende Zeitgestalt über uns erlangt. Denn der geschichtlichen Macht des utopischen Ideals vom absoluten Selbstand von Welt können wir uns entwinden. Sie ist kein unabwendbares Verhängnis unserer Weltaktivität, das der Tätigung unseres Weltwillens immer schon eingeschrieben wäre. Sie ist unser Werk und kann gebrochen

<hr>

[8] Vgl. zu dieser Lehre neuerlich die Auseinandersetzung von *Alfons Weiler*, ›Analogia entis, Eine systematische Erörterung am Leitfaden von G. Söhngen‹, Würzburger Diss. (Augsburg) 1972.

[9] Vgl. *Ludwig Feuerbach*, ›Fragmente zur Charakteristik meines philosophischen Curriculum vitae‹, SW, hrsg. von L. Feuerbach, Leipzig 1846–66, Bd. 2 (1846), S. 399f.

[10] *Ludwig Feuerbach*, ›Vorläufige Thesen zur Reform der Philosophie‹, SW, Bd. 2, S. 268.

werden. Für die geschichtliche Entfaltung unseres Weltwillens und damit auch für das Fehlgehen unserer Weltaktivität in einer Epoche zeichnen allein wir selbst verantwortlich. Wir sind die Initiatoren gelungener und mißlungener Weltentwürfe.

Wir können das Mißlingen unserer schöpferischen Selbsterprobung in einer Epoche zwar nicht ungeschehen machen, nicht als eine entbundene Welttat zurückrufen. Darin ist das unhintergehbare Risiko unseres Welthandelns gelegen. Aber wir können es als ›Erfahrung‹ der essentialen ›Grenzsituation‹ unseres Weltseins, als ›erfahrene‹, geschichtlich wirklich gewordene, Angefochtenheit unseres Weltvermögens, in unser Weltwissen einbringen. Insofern gibt es auch kein ›umsonst‹, das in der Bitterkeit seiner Negativität stehen bleiben müßte, das sich nicht in ›erlittene Einsicht‹ läutern und in eine Chance künftiger Weltgestaltung wandeln ließe. Es muß uns die ›autonomische‹ Verfehlung unseres entdeckten Schöpfertums nicht in den seinshaßgeführten ›Ekel‹ eines ›aktiven Nihilismus‹ umschlagen, in welchem wir uns an uns selbst für das ›Elend‹ unserer ›demiurgischen Existenz‹ zu rächen und unser verirrtes Weltvermögen in die verzweifelte ›Lust am Untergang‹ zu pervertieren beginnen.

Was wir jedoch nicht ›verstopfen‹ können, geschweige denn in kantischer Absicht ›ein für allemal‹, ist die *Quelle* unserer ›autonomischen‹ Weltverlockung und unserer ›nihilistischen‹ Abstürze, ist das, woraus der utopische Schein seine suggestive Kraft zieht und die qualvolle ›Lust am Untergang‹ als seinen still lauernden ›Gegenwurf‹ mit sich führt. Nicht aufheben können wir die *ontologische Provokation*, die uns in dem Dilemma von ›Zureichen‹ und ›Nichtzureichen‹ als jene ›Verfänglichkeit‹ des Weltseins zusetzt, die der Ursprung der Beirrbarkeit unseres Weltwillens ist.

Welt als notwendig *und* kontingent in *einem* Akt des Denkens zu erfinden, darin ist die wesenhafte ›Grenzsituation‹ des Weltseins, seine ontologische Provokation als seine uns fordernde ›*Amphibolie*‹ gelegen. Daß uns Welt ›amphibolisch‹ – wie ein ›Wurf von zwei Seiten‹ – begegnen will, dies nämlich ist es, was sie ›verfänglich‹ macht, was sie uns ›zwiespältig‹, ›zwielichtig‹, ›uneindeutig‹ erscheinen läßt, gleich als blicke sie uns mit einem Auge ›*absolut*‹ nach ihrer immanenten Notwendigkeit und Mächtigkeit und entfaltbaren Möglichkeit und mit dem anderen ›*nichtig*‹ an als jener ›Schlund‹, in den jedoch ihr ›an sich‹ zufälliges Sein sie auch als ein ›rechtloses Sein‹ ziehen will. Darum liegen ›autonomische‹ und ›nihilistische‹ Weltverhaltensweisen so nahe beieinander. Darum kann es geschehen, daß die ›Extreme‹ unseres Weltverhaltens sogar in ein und demselben Denkversuch fast unmerklich ineinander übergehen.

Aber es ist auch deutlich, was sie beide sind: Gestalten eines tiefgestörten Verhältnisses zu unserer Endlichkeit, in welchem sich die Problematik unseres Zeitalters als eines ›Zeitalters des Überganges‹ ausdrückt. Denn es ist gerade durch das gestört, was wir einesteils nur angemessen formulieren, wenn wir es die Heraufkunft des ›Prinzips der Neuzeit‹ und einen ›welthistorischen Wendepunkt‹ nennen, was wir aber anderenteils, ihm auch gewachsen zu sein, als die Aufgabe der Neuzeit noch vor uns haben: gestört gerade durch die Entdeckung vom ›weltvermögenden‹ Weltsubjekt Mensch.‹

Es ist das noch ›dunkle Leuchten‹, der noch gefährliche ›dunkle Glanz‹ unseres entdeckten Schöpfertums, der uns in die falsche Alternative lockt, statt, was als ›Amphibolie‹ des Weltseins erscheinen will, in die Wahrheit des Weltseins aufzuhellen, ›unser Sach'‹ auf ›alles‹ oder ›nichts‹ zu stellen, darin sich unser Weltvermögen gegen uns selber kehrt. Welt ist weder absolut, noch ist sie nichtig. Sie fordert uns als ein ›vorläufiges Absolutum‹.

Am Begreifen dieser Wahrheit des Weltseins und an dem Willen, unsere ›demiurgische Existenz‹ in ein affirmatives Verhältnis zu ihr zu setzen, hat das Reifen unserer Weltberufung sein unabänderliches Kriterium. Wir werden uns erst dann als mündige Eigner unseres Schöpfertums qualifizieren und den ›aufrechten Gang‹ von Weltsubjekten erlernen, wenn wir in seinem noch ›dunklen Glanz‹ auch das noch ›knechtische‹ Selbstbewußtsein des ›gebückten Demiurgen‹ erkennen.

Das Bild ist in seiner Würdelosigkeit zugestandenermaßen unerträglich. Aber solange uns auch nur in den Sinn kommt, es zur Bestätigung unseres Selbstandes nötig zu haben, uns unser ›herrliches Können‹ durch ›Gewalttat‹ und ›Raub‹ als ein ›autonomisches‹ zu vermitteln und uns dieserweise mit einem Besitzstand zu belehren, von dem wir doch eben darum auch mit gleichem Atem wissen, daß er unser rechtmäßiges Eigentum weder ist noch jemals werden kann, solange schaffen wir aus unserem ›herrlichen Können‹ auch nur Werke einer ›knechtgestalteten Freiheit‹, Bilder eines ›geduckten Weltgeistes‹ hervor.

Von der ›Gebrochenheit‹ unserer Weltnotwendigkeit kann uns auch keine ›Gewaltthat des Geistes‹[11] und kein ›Raub an der göttlichen Natur‹[12], weder ein ›Feuer-bach‹ noch Nietzsches ›prometheisches Geleit‹, befreien.[13] Welt ist in den Maßen zu bestehen, in denen sie als die ontologische Inbildlichkeit Welt in uns vorgerissen ist.

Aber gerade Nietzsches Metapher vom ›Raub an der göttlichen Natur‹ stört auch den neuralgischen Punkt eines uns erst äußerlich angehörenden Schöpfertums auf: mit *wem* wir uns eigentlich immer noch messen und uns gerade durch unsere gewalttätige Gesetzlosigkeit in unserer Gott-losigkeit widerlegen.

Wenn uns daher ein verdienter Franzose sagt, daß Gott ›gegangen‹ sei, ›ohne eine Frage zu hinterlassen‹,[14] dann ist er auch nie gegangen. Wir brauchen Nietzsches Metapher dabei gar nicht einmal ›realistisch‹ zu nehmen. Denn es verschlägt für ein noch selbstbestimmungsloses Schöpfertum, das gerade aus seiner Unfreiheit, seiner noch ›ungelösten‹ Selbstgesetzlichkeit, ›gesetzlos‹ agiert, wenig, ob eine solche ›göttliche Natur‹ oder ein solches ›allernotwendigstes Wesen‹ wirklich *ist* oder ob wir nur eine *Bewußtseinsgestalt* verfolgen, weil uns selbst noch der Gedanke von einem solchen Wesen zusetzt.

In uns führen wir den gehaßten Schatten einer zu beraubenden ›göttlichen Natur‹ als unsere eigene noch exzentrierte Wesenswirklichkeit mit. Wir ziehen uns die Fessel einer uns beherrschenden Macht an, die uns Wirklichkeit vorenthalten und uns einen fremden Willen aufzwingen könnte. Denn außer uns selbst ist nichts, das uns in dem zu beschädigen vermöchte, was uns ›kraft Gesetz‹ unseres ontologischen Weltstandes als unser legitimes Eigentum angehört.

---

[11] *Ludwig Feuerbach*, ›Fragmente …‹, a. a. O., S. 408.
[12] *Friedrich Nietzsche*, ›Socrates und die griechische Tragoedie‹, S. 60.
[13] Vgl. dazu meine Abhandlung: ›Generatio aequivoca. Zu einem Denkmotiv der Neuzeit‹, Jahrb. ›Philosophische Perspektiven‹, hrsg. von Berlinger/Fink, Bd. 4 – 1972, Frankfurt a. M., S. 232 ff.; ebf. meine Arbeiten: ›Das Experiment der Autonomie, Studien zu einer Comte- und Marx-Kritik‹, Reihe ›Elementa‹, Amsterdam 1977; ›Die Selbstkritik der Theorie, Philosophische Untersuchungen zur ersten innermarxistischen Grundlagendiskussion‹, Reihe ›Elementa‹, Amsterdam 1978.
[14] ›Comme Minerve et Apollon, Dieu est parti sans laisser de question.‹ *Henri Gouhier*, ›La jeunesse d'Auguste Comte et la formation du Positivisme‹, Bd. 1, Paris 1933, S. 23. Gouhier selbst dürfen wir mit dieser früh sich formierenden Denkweise Comtes allerdings nicht identifizieren. Er stellt, freilich ebenso akribisch wie wach, dar.

IV

Aber so wenig uns ein ›allernotwendigstes Wesen‹ schon nach seinem Begriff aus unserem rechtmäßigen Eigentum vertreiben kann – Descartes' (freilich methodisch zu nehmender) Gedanke eines ›Betrügergottes‹[15], aber selbst der Gedanke eines solchen Wesens oder Urseins, das das Weltsein annullieren könnte, beinhaltet eine ›contradictio in adiecto‹, einen Widerspruch in der Beifügung, das Eintragen einer Negativität in den ›höchsten Begriff‹ –, so wenig können wir ›Gott als Weltproblem‹ aus dem Weltsein vertreiben, weil dieser Topos als ein Integral der essentialen Problemfigur Welt zur ›Topik‹ der Aporie des Weltseins gehört. Daher intendiert der Topos ›Gott als Weltproblem‹ auch keine ›heuristische Idee‹ und ist nicht auf den Begriff eines ›regulativen Prinzips‹ zu bringen. Er signalisiert kein ›Als-Ob‹.

Wohl nämlich vermögen wir auf ein solches Ursein oder eine solche Urwirklichkeit nicht mehr zu ›schließen‹, seit begriffen ist, daß das Prinzip des Schlusses als *Weltprinzip* nur dann ein ›Mehr-als-Welt‹ erbringen kann, wenn auch ein ›axiomatisches Mehr-als-Welt‹ das Schlußprinzip Welt ausdrücklich oder stillschweigend schon unterfängt. Wir können nicht von einer ›nichtsbetroffenen‹ Wirklichkeit auf das Sein eines ›makellosen Seins‹ schließen, auch wenn wir uns einen logisch stimmigen Begriff via abstractionis von einer solchen Idealität zu bilden vermögen.

Aber wenn die Prinzipienwirklichkeit Welt auch das ist, über das *nicht hinausgedacht* werden kann und in deren Auslegungshorizont auch unser ›höchster Begriff‹ steht und das ›nichtsbetroffene Weltsein‹ zur Basis seiner Bildung hat, so können wir aber auch nicht ›*ausschließen*‹, daß auch in Wirklichkeit ist, was wir als ein solches ›makelloses Sein‹ in unserem ›höchsten Begriff‹ als einen in sich widerspruchsfreien Gedanken denken. Denn es gibt uns die Ontologie des Weltseins keine Rechtsposition an die Hand, die uns ein Ausschließen dieser Möglichkeit als eine aus der Seinsart des Weltseins begründbare Unternehmung erlaubte.

Zwar könnte es jetzt für einen Augenblick so scheinen, als lasse man sich aber damit auch an einer ›Nahtstelle‹ einer Philosophie der

---

[15] Vgl. *Descartes*, ›Meditationes de prima philosophia‹, 2. Medit., Nr. 3 und Nr. 9, Latein.-deutsche Ausg., hrsg. von Erich Christian Schröder, Hamburg 1956, S. 40 und S. 48.

Welt auf eine nicht mehr kontrollierbare Aussage ein, weil ihre vermeintlich konturlose Allgemeinheit sie der Nachprüfbarkeit entziehe. Dann freilich hörte eine Philosophie der Welt als ›Weltwissenschaft‹ auch auf, dieses wiewohl entsagungsvolle Vorrecht vor jeder ›Weltanschauungsphilosophie‹ ferner geltend zu machen. Denn sie hörte als *argumentative, begründende* Philosophie auf und verriete das Gesetz, nach welchem sie als die Schicksalswissenschaft des Abendlandes einstmals angetreten wurde: als ›*Wissenschaft des Warum*‹ – und darin unhintergehbar ›*Metaphysik*‹.[16]

---

[16] Vgl. zu dieser Grundbestimmung der ›ersten Philosophie‹ oder ›ersten Wissenschaft‹, die in der Schule des Aristoteles früher als gemeinhin angenommen *(s. Hans Reiner*, ›Die Entstehung und ursprüngliche Bedeutung des Namens Metaphysik‹, in: ›Metaphysik und Theologie des Aristoteles‹, hrsg. von Fritz-Peter Hager, Darmstadt 1969, S. 139 ff.) unter dem *Sachtitel* ›Metaphysik‹ erscheint: *Aristoteles*, 2. Analytiken, 1. Buch, c. 13 u. 14 (Anal. post. 78 a 22–79 a 32); Metaphysik, 1. Buch, c. 1 (Met. 980 a 21–982 a 3). Diese Verweise stehen zum Exempel.

Übersieht man diese Grundbestimmung von Metaphysik, indem man sich für diese Wissenschaft immer schon von ihrer – allerdings bereits aristotelischen – Bestimmung auch als ›Theologie‹ führen läßt, so setzt man diese Wissenschaft nicht nur überhaupt einer beirrenden Vorbelastung aus, sondern läuft Gefahr, einer einschneidenden Problemverkürzung stattzugeben. Die beunruhigende Sache ›Warum‹ ist das *philosophisch Erste*. Es ist die ›Wissenschaft des Warum‹, die auch Namen und Problem einer ›Theologie‹ an sich zieht. Wer daher arglos in die gängige Rede vom ›Ende der Metaphysik‹ einstimmt, muß auch wissen, daß er damit nicht etwa vom Ende der Theologie, sondern vom Ende einer begründenden Philosophie spricht.

Das Auseinanderfallen der ursprünglich gleichsinnigen Begriffe ›Philosophie‹ und ›Metaphysik‹ und das sich anbahnende Gegeneinander einer metaphysikfreien (›wissenschaftlichen‹) Philosophie und einer vor- oder über- oder außerwissenschaftlichen (›weltanschaulichen‹) Metaphysik kennzeichnet, wie das Akutwerden des Weltanschauungsproblems selbst, erst eine Problemsituation, die sich im Anschluß an die Resultate der ›kritischen Philosophie‹ herausgebildet hat. Insofern ist Kant zwar der Urheber dieser Entwicklung. Aber noch der kantischen Begrifflichkeit selbst ist die uns heute eigene Befangenheit im Umgang mit dem Metaphysikbegriff fremd. ›Philosophie‹ und ›Metaphysik‹ decken – auch ganz ausdrücklich – noch den gleichen Problembereich ab. Vgl. *Kant*, ›Kritik der reinen Vernunft‹, A 841. Nur darf dies bereits kantisch nicht dazu verleiten, den ›stolzen Namen‹ Ontologie ferner unter einer anderen Rücksicht als der einer Wissenschaft des ›transzendentalen‹ oder ›schönen Scheins‹ dabei mitzudenken.

Friedrich Kaulbachs ›Einführung in die Metaphysik‹ (Darmstadt 1972) ist daher nicht zuletzt unter dem Gesichtspunkt zu würdigen, daß sie auch diese nachkantische Selbstanfechtung der Philosophie in der Frage ihrer ›metaphysischen Sache‹ als ein Moment im ›Dialog‹ der ›ersten Philosophie‹ mit sich selbst zu begreifen versucht.

Es hieße jedoch die Architektur der aporetischen Prinzipienwirklichkeit Welt auch gerade wieder aus dem Blick verlieren, geriete eine Philosophie der Welt, die sich von der verlegen machenden Wirklichkeit Welt als einem Sachproblem bewegen läßt, hier in der Tat in den Verdacht, in die Zumutung einer nicht mehr objektivierbaren Behauptung auszumünden, von der es in das Belieben eines jeden gestellt bleibt, sie je nach ›Stimmungslage‹ seines ›Welterlebens‹[17] in sein Weltverhalten aufzunehmen oder nicht, doch zu einem Urteil in der Sache damit auch eben nichts beizutragen. Denn es hat unser ›Welterleben‹, dieser erst unmittelbare und subjektive Anfang unseres Wissens, seine Erhebung zu einsichtiger ›Welterkenntnis‹, zu vermittelter Wahrheit seiner subjektiven Gewißheiten, auch noch vor sich.

Der Anschein einer nicht mehr kontrollierbaren Aussage wird dann in seiner Nichtigkeit erkennbar, wenn wir fragen: Wann allein nämlich könnten wir uns lege artis auf das Weltsein berufen, um ein Ausschließen dieser Möglichkeit als ein begründetes auszuweisen und ihm so das Odium eines Willküraktes zu nehmen?

Wir vermöchten uns nur dann probehaltig, nämlich ›mit Grund‹, auf die Seinsart des Weltseins zu berufen, um das Problem eines weltüberlegenen Seinsgrundes von Welt als ein dem Problembau der Aporie Welt ursprünglich angehörendes aus der Konstitutionsproblematik des Weltseins auszufällen und als ein bloß geschichtliches Produkt zu begreifen, *wenn, was als diese Möglichkeit des Seins eines weltüberlegenen Seins ausgeschlossen werden soll, dem Weltsein selber als seine ungebrochene Notwendigkeit zu sein zugesprochen werden könnte.*

Solange wir daher auch vergebens um die Prinzipienwirklichkeit Welt als den zureichenden Grund ihrer selbst ringen, solange uns unser Weltvermögen über die Seinsschwelle der Endlichkeit nicht hinwegtragen kann, um dem Weltsein jene Form seines Selbstandes zu geben, die wir via abstractionis oder per negationem der dem Weltsein eigenen Bedingungen in unserem ›höchsten Begriff‹ als die Makellosigkeit eines *Seins ohne Gegensatz des Nichtseins* denken, solange kann sich uns das

---

[17] ›In heiteren Stunden glauben wir, was wir hoffen, in einer traurigen Gemütslage hingegen sind wir mehr geneigt, das zu glauben, was wir fürchten.‹ *Moses Mendelssohn*, ›Morgenstunden oder über das Dasein Gottes‹ (1785), Berlin 1875, S. 137.

Weltsein auch nicht als ein *zureichender Ausschließungsgrund* gewähren.

›Gott als Weltproblem‹ oder die Möglichkeit des Seins eines dem Weltsein überlegenen Seins für unser Weltverstehen gegenstandslos werden zu lassen, bleibt an das utopische Ideal vom autonomen Selbstand von Welt, von der Aufhebbarkeit unserer gebrochenen Weltnotwendigkeit gebunden.

V

Überblicken wir daher jetzt den bisherigen Gedankengang, so müßte auch deutlich geworden sein, daß es sich für diese Überlegung nicht um eine stille Abwandlung des ehrwürdigen ›unum argumentum‹ des Anselm von Canterbury[18], jenes seit kantischen Zeiten so genannten ›ontologischen Gottesbeweises‹[19], handelt. Dies hieße nämlich auch abermals das Schlußverfahren einer ›induktiven Metaphysik‹ nur durch einen ›Begriffsschluß‹ ersetzen[20].

Das Nichtausschließenkönnen, daß auch in Wirklichkeit ist, was wir in unserem ›höchsten Begriff‹ als eine logische Stimmigkeit denken, geht auf eine Welt unhintertreiblich anhängende *Möglichkeit*. Darin ist die unüberbrückbare Differenz zu einem jeden sich unter der Hand wieder herstellen wollenden Schlußverfahren gelegen.

Um freilich auch sicher zu gehen, daß nicht gerade über die Betonung dieser Differenz ein ganz anderes Mißverständnis geweckt wird, falls es sich nicht ohnedies schon angestaut haben sollte, scheint es geraten, uns nun auch in aller Form über die *Artung dieser Möglichkeit* zu verständigen.

---

[18] Vgl. *Anselm von Canterbury*, ›Proslogion‹, Prooemium, Latein.-deutsche Ausg., hrsg. von Franciscus Salesius Schmitt, Stuttgart-Bad Cannstatt 1962, S. 68.
  Siehe zu dieser Note auch den ihr zugehörigen Exkurs am Schluß des Beitrages.
[19] Dieser inzwischen eingebürgerte Name ist erst Kants Bezeichnung des ›unum argumentum‹, für das er Descartes als Erfinder annahm: der ›so berühmte ontologische (Cartesianische) Beweis, vom Dasein eines höchsten Wesens, aus Begriffen‹. *Kant*, ›Kritik der reinen Vernunft‹, A 602.
  Vgl. zu Descartes' Erneuerung des anselmianischen Argumentes *Gerhart Schmidt*, ›Das ontologische Argument bei Descartes und Leibniz‹, in: ›Die Wirkungsgeschichte Anselms von Canterbury‹, Akten der ersten Internationalen Anselm-Tagung, Bad Wimpfen, 13.–16.9.1970, S. 221 ff.

Es ist dies der Punkt des Mißverstandes, gegen den sich diese nachgreifende Reflexion wendet: Läuft aber das thematische Abstellen der Frage Gott auf das Möglichkeitsproblem damit zuletzt nicht doch nur wieder auf eine Bestätigung der unüberholten Ansprüche eines ›philosophischen Agnostizismus‹ hinaus, der uns seit langem empfiehlt, das ›künstliche‹ Interesse zu erkennen, das wir wissenschaftlich an dieser Frage als dem Ausfluß aller ›gelehrten Scheinprobleme‹ nehmen?

VI

Wenn von dieser Möglichkeit Unhintergehbarkeit in der Bedeutung einer ontologischen Unmöglichkeit ausgesagt werden kann, dann kommt sie uns damit auch ineins als eine ›qualifizierte Möglichkeit‹ zu Gesicht. Und sie legt sich als ontologisch unhintergehbar aus, weil die Seinsart des Weltseins, die unseren ›höchsten Begriff‹ als eine Verlautbarung unserer ursprünglichen Seinsverlegenheit hervortreibt, uns aus demselben aporetischen Grunde zu ihrer Negation nicht ermächtigt. Sie hängt Welt unhintertreiblich an, weil ihr Nichtausschließenkönnen in der Seinsart des Weltseins gegründet ist, weil wir sie als eine ›Möglichkeit cum fundamento in re‹ zulassen müssen.

Und darum begreift ihr Nichtausschließenkönnen ihre Destruktion als eine ›beliebige Gedenkbarkeit‹ unter ›Gedenkbarkeiten‹ in

---

[20] Was es mit diesem ›Begriffsschluß‹ des ›ontologischen Beweises‹ auf sich hat, ist der zweifelsohne bestechende Versuch, aus dem Begriff eines schlechthin ›notwendigen‹, ›vollkommensten‹ Wesens auch sein Sein in Wirklichkeit zu folgern, da ›Sein in Wirklichkeit‹ zu solcher Vollkommenheit gehöre und es sonach unmöglich sei, mit der widerspruchsfreien (›fehlerfreien‹) Bildung dieses Begriffes nicht auch seine ›objektive Realität‹ einzuräumen.

Dabei entgeht jedoch das Ungesetzliche dieses Verfahrens, daß hier indessen kein Übergang aus einer logischen in eine ontologische Ordnung geleistet wird, sondern daß es sich hier lediglich um den Schritt von einer gedachten ›höchsten Vollkommenheit‹ zu einer nunmehr auch als seiend gedachten ›höchsten Vollkommenheit‹ handelt – oder zugespitzt: daß ein gedachtes ›vollkommenstes Sein‹ nunmehr auch als ein ›Sein in Wirklichkeit‹ gedacht wird.

Die ontologische Beirrung, in die das ›unum argumentum‹ je aufs neue verstricken will, entsteht durch einen unerlaubten Dimensionssprung einer unvermerkten ›Wirklichkeitsunterstellung‹, gleich als ob ›Wirklichkeit‹ eine ›Mitgift‹ unseres ›höchsten Begriffes‹ sei.

sich.[21] Sie stellt uns nicht anheim, ob wir sie als erheblich für eine Philosophie der Welt zulassen wollen. Sie gehört dem ›apriorischen Seinsbefund‹ Welt an und ist in einer auf Sachwahrheit abhebenden Prinzipienreflexion notwendig mitzudenken.

Als eine Möglichkeit aber ›cum fundamento in re‹ in der Seinsart des Weltseins läßt sich diese ›qualifizierte Möglichkeit‹ auch auf den Begriff einer ›ontologischen Möglichkeit‹ bringen. Es erscheint dies deshalb angezeigt, um die Artung dieser Möglichkeit auch terminologisch von jenen tausendfältig beliebigen ›Gedenkbarkeiten‹ abzusetzen, die wir denken *können*, ohne der ›Wirrköpfigkeit‹ in Sachen des Denkens geziehen zu werden, nämlich wofern sie nur dem Anspruch genügen, das kantische Stimmigkeitskriterium einer Denkmöglichkeit zu erfüllen: ›*denken* kann ich, was ich *will*, wenn ich mir nur nicht selbst *widerspreche*, d. i. wenn mein Begriff nur ein *möglicher Gedanke*

---

[21] Vgl. zu dem noch in der Philosophie der Aufklärung lebendigen Terminus ›Gedenkbarkeit‹ z. B. *Johann Heinrich Lambert,* ›Neues Organon oder Gedanken über die Erforschung und Bezeichnung des Wahren und dessen Unterscheidung von Irrthum und Schein‹ (2 Bde., Leipzig 1764), Bd. I, Teil II: Alethiologie oder Lehre von der Wahrheit, I. Hptst.: Von den einfachen oder für sich gedenkbaren Begriffen, § 10, S. 457. (Nachdruck der Ausgabe von 1764 in: J. H. Lambert, ›Philosophische Schriften‹, Hildesheim 1965 ff., Bd. I–II, 1965.) Ebenfalls ist an den noch idealistischen Sprachgebrauch etwa in dem durch die bekannte Verfasserkontroverse zu einiger Berühmtheit gelangten sogenannten ›Ältesten Systemprogramm des deutschen Idealismus‹ zu erinnern, wenn dort von der ›einzig wahren und gedenkbaren Schöpfung aus Nichts‹ die Rede geht. (Abdruck des Textes nach den Zuschreibungen an Schelling und Hölderlin nun auch in : *Hegel,* Suhrkamp-Werkausgabe, Bd. 1, Frankfurt a. M. 1971, vgl. S. 234.)

›Gedenkbarkeit‹ meint das, was nach formal-logischen oder onto-logischen Kriterien denkbar, d. h. zu denken möglich ist. Für den Begriff der ›Gedenkbarkeit‹ ist der Verbund mit dem Möglichkeitsproblem, mit der Frage nach der Stringenz des Denkens, wesentlich. Dies ist der innere Grund, für die hier angestellte Überlegung nicht auf unseren heute ›verschliffeneren‹ Terminus ›Denkbarkeit‹ zurückzugreifen. Wohl können wir den Widerspruch eines ›hölzernen Eisens‹ oder ›runder Vierecke‹ aussagen, ja, uns von ihm bezaubern lassen. *Herder* (Fragm. 3, 69) rührt an diese Verzauberung, wenn er darauf lenkt, ›in Poesien Gedanke und Ausdruck unverbunden zu behandeln‹. Aber wir können diese faktisch mögliche Bildung eines ›verkehrten (unsinnigen) Begriffes‹ nicht einmal in einem nur erst vorstellenden Denken denken.

Daß ›Denken‹ ursprünglich überhaupt in der inbegrifflicheren Form ›Gedenken‹ erscheint, setze ich als bekannt voraus und verweise auf Meister Eckhart wie noch auf Lavater.

[22] *Kant,* ›Kritik der reinen Vernunft‹, B XXVI, Anm.

ist‹[22], für die aber die Seinsart des Weltseins demnach auch keinen Sachgrund bildet, keine sachliche Notwendigkeit abgibt, solches Denkmögliche darum auch als eine ›*notwendige Gedenkbarkeit*‹ denken zu *müssen*. Dieser Aspekt steht mit dem exponierten Stimmigkeitskriterium gar nicht an.

Worum es für diese Diskussion des Möglichkeitsproblems im Blick auf die ›unhintertreibliche Möglichkeit‹ Gott also geht, ist die Unterscheidung zwischen dem, was in der Bindung an das bloßer Widerspruchsfreiheit logischer denkrichtigkeit verpflichtete Stimmigkeitskriterium zu denken *möglich* ist, und dem, was als möglich *notwendig* zu denken ist.

Mit einer ›notwendigen Gedenkbarkeit‹ oder einer ›denknotwendigen Möglichkeit‹ bekommen wir es daher dann zu tun, wenn zu der Bestimmung einer *Denkmöglichkeit* die der *Denknotwendigkeit* dieser Denkmöglichkeit hinzutritt, oder wie sich auch formulieren ließe: wenn sich ein nach dem Stimmigkeitskriterium ›*möglicher Gedanke*‹ auf die Form einer ›*denknotwendigen Denkmöglichkeit*‹ bringen läßt.

VII

Und so schließt sich jetzt auch der Kreis dieser nachgreifenden Erörterung: nämlich *wo* aber der Schritt von der Denkmöglichkeit von etwas zu objektivierbarer Einsicht in seine Denknotwendigkeit auch allein getan werden kann, wo sich sonach auch das Problem einer ›notwendigen Gedenkbarkeit‹ oder einer ›denknotwendigen Möglichkeit‹ überhaupt nur als Problem einer philosophischen Reflexion stellen kann, wo es seinen Sachort hat.

Die ›notwendige Gedenkbarkeit‹ Gott oder des Seins eines dem Weltsein überlegenen Seins stellt sich als ein Konstitutionsproblem der aporetischen Prinzipienwirklichkeit Welt auch nur in jenem Problemraum ein, der methodisch durch die *philosophische Urfrage: Warum?* abgesteckt wird, insofern es dieser Frage aufgegeben, aber als *der* wissenschaftlichen Grundlegungs- und Sinnfrage auch aufbehalten ist, den ›apriorischen Seinsbefund‹ Welt zu eruieren und seine Thematisierung in einer ontologischen Systematik des Weltseins zu leisten.

Die ›notwendige Gedenkbarkeit‹ Gott gehört als ein ›Wesenszug‹ im apriorischen ›Grundmuster‹ der aporetischen Seinsverfassung von

Welt der *Begründungsebene* des Denkens oder jener ›Verhandlungs-
ebene‹ eines wissenschaftlichen Denkens an, auf der es als *begreifendes*
Denken Einsicht in die Wahrheit des Weltseins sucht. Sie wird jenem
Denken zum Problem, das sich am Leitfaden der Warumfrage als
Prinzipienreflexion, als *onto-logische Begründungsbewegung*, als
Anstrengung ›spekulativer Welterkenntnis‹ oder eines ›spekulativen
Weltbegriffes‹ artikuliert. Denn es meint der ›spekulative Akt‹ vor aller
systemimmanenten Spezifizierung ›Prinzipieneinsicht‹ und ›Einsicht
aus Prinzipien‹.

Freilich weiß ich, woran ich mit der herausgekehrten Warumfrage
rühre, welches ›mehrdimensionale Streitobjekt‹ auch eben diese Frage
seit den Tagen der kantischen Tragödie, Kants unglückseliger *prinzi-
pieller* Trennung von Denken und Inhalt des Denkens,[23] und zumal
seit jener absichtsvollen Forderung des namentlichen Begründers des
neuzeitlichen Positivismus und Inaugurators der Lehre vom Gesell-
schafts-›Funktionär‹ Mensch,[24] von seiner funktionalen Sozialisierung
in einer funktionalen Soziologie, bildet, seit Auguste Comtes Devise:
›die Bestimmung des *Warum*‹ allgemein und endgültig ›durch die des
Wie‹ zu ersetzen.[25]

Doch wenn ich jetzt auch meine, mich für die zeitweise ›unzeitge-
mäße These‹ von der *geschichtlichen Unüberholbarkeit* der philosophischen Urfrage: warum? nicht mehr rechtfertigen zu müssen, so darf
ich davon ausgehen, daß die hier angestellten Überlegungen insgesamt
als eine Rechenschaftsablage in der Sache dieser Frage erkennbar sind.
Es wird die angefochtenste Frage auch die aktuellste bleiben, weil diese

---

[23] Vgl. zu diesem Problem *Wiebke Schrader*, ›Zum Denkansatz Kants‹, in: Jahrb.
›Philosophische Perspektiven‹, Bd. 3 – 1971, S. 148 ff., und die analytisch-scharf-
sinnige Arbeit von *Johann Heinrich Königshausen*, ›Kants Theorie des Denkens‹,
Reihe ›Elementa‹, Amsterdam 1977.

[24] Vgl. die ›enteignende‹ Rede vom ›Funktionär‹ Mensch: *Auguste Comte*, ›Cours
de philosophie positive‹, Bd. 6, Paris 1842, Kap. 57, S. 336 (deutsch: Auguste
Comte, ›Soziologie‹, übers. von Valentine Dorn, Bd. III, Jena 1923², S. 468 f.).
  Ob Husserl wußte, in welchen Spuren er ging, als er die Definition des
›Funktionärs‹ für den Status des Philosophen übernahm?

[25] *Auguste Comte*, ›Discours sur l'ensemble du positivisme‹, Paris 1848, deutsch
von E. Roschlau unter dem Titel: ›Der Positivismus in seinem Wesen und seiner
Bedeutung‹, Leipzig 1894, S. 42. Als ›Discours préliminaire sur l'ensemble du
positivisme‹ wieder abgedruckt in: A. Comte, ›Système de politique positive‹ (4
Bde., Paris 1851–1854), vgl. Bd. I, Paris 1929⁵, S. 47. Siehe dazu *Wiebke Schrader*,
›Die Auflösung der Warumfrage‹, Reihe ›Elementa‹, Amsterdam 1975².

Frage, können wir sie auch nur geschichtlich stellen, jedoch keinen ›geschichtlichen Typus‹ des Denkens repräsentiert. Denn es ist der *Begründungswille* des Denkens, der sich als das ›Leben‹ dieser Frage wohl bisweilen niederhalten, aber nicht überholen läßt. Es hieße die ›apriorische Natur‹ des Menschen selbst, unsere ›welthaltige‹ Wesenswirklichkeit, hinter uns lassen können, die diese Frage als ihre *vorreflexive Antwort* gründet.

Der Ursprung der geschichtlichen Frage: warum? ist die *seiende Antwort:* warum! Und der diese Frage hier und jetzt aus seiner ›welthaltigen‹ Wesenswirklichkeit entspringen läßt, wird im Begreifen dieser Frage auch auf den ›humanen Seinsgrund‹ von Welt, auf das ›apriorische Weltsystem‹ Mensch, als ihre ›vorgängige Antwort‹ zurückgebracht.

Wir selbst, das ›weltseiende Wesen Mensch‹, sind das Prinzip der Frage und als das ›*endliche Darum*‹ zu allem ›*Warum*‹ a priori ausgelegt.

VIII

Und so wird es jene Tat im bewegten Prozeß unserer Selbstfindung sein, in die sich die metaphysische Chance unseres Zeitalters versammelt: uns mit dem *endlichen Weltall des Geistes im Menschen* auszusöhnen.

Uns aus Sklaven unseres Schöpfertums in freie Sachwalter unseres Weltvermögens zu wandeln, heißt uns dadurch in unser Weltrecht einsetzen, daß wir auch die Wahrheit unserer Weltherrschaft als eine *endliche Ermächtigung* ertragen, daß wir damit zu leben vermögen, dem ›Weltproblem Gott‹ durch unser Weltbildnertum Raum geben zu *müssen.*

Ob diese Chance allerdings ergriffen wird, bleibt der gereiften Freiheit des Menschen überantwortet.

Exkurs zu Note 18

Die Formulierung des Argumentes dem Anscheine nach lautet: ›Et quidem credimus te esse aliquid quo nihil maius cogitari possit‹. ›Und zwar glauben wir, daß du etwas bist, über das hinaus nichts Größeres (Erhabeneres) gedacht werden kann‹ – oder: ›das so groß (erhaben) ist, daß nichts Größeres gedacht werden kann‹. (Prosl., c. 2, S. 84.) Indessen beschränkt sich das, was als Beweisgrund auftritt, auf die Formel: ›aliquid quo nihil maius cogitari possit‹, oder, um die Irritierung gar nicht erst entstehen zu lassen, das auch gerade noch bestimmungsoffene ›aliquid‹ eines hier und jetzt sich des ›Ist‹ eines solchen ›erhabenen Ist‹ (Augustins ›Magnum Est‹, das sich noch in dem ›Grand Être‹ des mit Augustinus nicht unvertrauten Comte verbirgt) ›sola ratione‹, ›cogitatione‹, ›rationis luce‹ erst vergewissern wollenden fragenden Subjektes unterstelle bereits ein Sein von der Seinsart des ›Etwas-Seins‹, ein ›ens‹, ein ›Weltding‹, und siedele das Denken unvermerkt in der Nähe von Gaunilos ›idealer Insel‹ an: ›id quo maius cogitari nequit‹, wie wir (Prosl., c. 2) wenige Zeilen später lesen. Damit ist dem ›aliquid‹ seine Verfänglichkeit genommen. Und noch *Nikolaus von Cues* hat sich in seiner ›Apologia doctae ignorantiae‹ nicht an das ›aliquid‹, sondern an das unverfänglichere ›id‹ gehalten. Strikt gehört auch das ›aliquid‹ (›id‹) nicht mehr zum Kerngehalt der anselmischen Formel. Sie verlautbart eine ›definitio se definiens‹, eine Selbstdefinition, aber rücksichtlich ihrer logischen Struktur auch erst ein ›fehlerfreies Ideal‹. Kant damit das Wort zu reden, ist allerdings nicht beabsichtigt. Vgl. dazu Note 23 der vorliegenden Ausführungen.

Das Argument ist also nicht, wie Karl Barth (›Fides quaerens intellectum, Anselms Beweis der Existenz Gottes im Zusammenhang seines theologischen Programms‹, Zollikon 1958[2]) interpretiert, auf eine für es konstitutionale Glaubensvorgabe zurückzubeziehen und als ein lediglich ›innertheologischer‹, bloß scheinbarer Beweisversuch zu verstehen. Nur wenn auch gerade die entscheidende Aussage Anselms nicht gewichtet wird, die aus einer eindeutigen Rollenbestimmung die Rücksicht des ›sola ratione‹ angibt: ›sub persona ... quaerentis intelligere quod credit‹ – ›in der Rolle ... eines, der einzusehen sucht, was er glaubt‹ (Prosl., Prooem., S. 68), kann diese Optik bestehen. Dem Argument seine philosophische Intention bestreiten, die von seiner Schlüssigkeit zu trennen ist, heißt das folgenschwere Gewißheitsproblem des ›Einsicht suchenden Glaubens‹ verkennen, daß auch das Denken, das glaubt, der Begründungsunruhe allen endlich verfaßten Denkens nicht enthoben ist.

Warum Anselm allen Einwürfen entgegen freilich an der Evidenz seines Argumentes gleichwie an einer unstürzbaren Gewißheit festhält, gründet in dem Selbstmißverständnis, dem er für die wahre Gewißheitsquelle des nur aus sich selbst einleuchten sollenden Argumentes erliegt, daß die wahre Gewißheitsquelle des ›unum argumentum‹ auch nicht in dem ›unum argumentum‹, sondern in einem nicht mehr erlaubten Denkertrage gelegen ist, der aus dem gescheiterten induktiven Verfahren des ›Monologion‹ (Latein.-deutsche Ausg., hrsg. von F.S. Schmitt, Stuttgart-Bad Cannstatt 1964) als die dem ›unum argumentum‹ immer schon vorgängige ›imago creatoris‹ (Monol., c. 67, S. 194), das ›Bild Gottes‹ in uns oder wir nach unserem ›Wesenswas‹, unserer Seinsnatur, als diese Bildgestalt, in das neuansetzende ›Proslogion‹ hinüberfließt. Denn es hängt die ›imago creatoris‹ in ihrem beanspruchten ›sola ratione‹ im ›Monologion‹ auch allein von der Probehaltigkeit einer induktiven Beweislegung Gottes ab.

Vgl. zu diesem Selbstmißverständnis den Exkurs in Note 8 meiner Abhandlung: ›Wie kommt der Gott in das Denken?‹ I, Perspektiven der Philosophie, Bd. 10 – 1984, S. 335ff. (S. 337–340). Zu dem mit Anselm generell aufkommenden Problem eines wieder ›Philosophischwerdens‹ des Glaubens vgl. auch meine Abhandlung: ›Zur philosophischen Topologie des Glaubens. Eine systematische Erörterung‹, Jahrb. ›Philosophische Perspektiven‹, Bd. 5 – 1973, S. 236ff.

Hans-Georg Gadamer Ein philosophisches Postskriptum

Sich den Freunden, Liebhabern und Kennern der Musik anzuschlie-
ßen, die einem ihrer großen Interpreten ihren Dank bezeugen und ihre
besten Wünsche aussprechen wollen, kann für einen eine geradezu
unlösbare Aufgabe werden, der sich nur in dem stets von Erstarrung
bedrohten Bereich philosophischer Begriffe zu bewegen gelernt hat.
Wenn es die Sache der Philosophie ist, menschliches Denken und
Trachten und Fragen auf den Begriff zu bringen und das Selbstverständliche zu neuer Verständlichkeit zu erheben, so umfaßt diese
Aufgabe fast alles. Doch mag es weniges geben, was solchem Unter-
nehmen ein so unüberschreitbares Halt gebietet, wie in diesem Falle.
Wo Sprache überall mitgeht und vorangeht, mag es dem Begreifen der
Begriffe gelingen, manche Schranken zu übersteigen. Aber zwei große
Rätsel, die uns martern, die dem Philosophieren immer wieder
aufgegeben werden, ohne Lösungswege sehen zu lassen, liegen eben
dort, wo Sprache nicht vorangeht, sondern zurückbleibt.

Das ist besonders auf zwei Feldern unserer europäischen Kultur-
welt auf unzweideutige Weise der Fall, im Bereich der Musik und im
Bereich der Mathematik. Beide sind einander von den Anfängen her
nachbarlich verwandt und fast untrennbar, damals bei den Pythagore-
ern wie heute. Das Rätsel der Zahlen, die nirgendwo sind als in
unserem denkenden Tun, legt sich uns auf wie eine unabhängige
Wirklichkeit, die von unserem Belieben ganz und gar unabhängig ist.
Eben das läßt uns so ratlos sein. Unser Denken steht staunend vor
dem, was das ist, das hier seinem eigenen Gesetz gehorcht. Wie die
Zahlen ist der Raum und sind sogar die Räume, die wir uns nicht
einmal vorstellen können, ›entia rationis‹ und können doch im Welt-
raum der Sprache keinen Anhalt finden. Die symbolischen Zeichensy-
steme, mit deren Hilfe sie sich artikulieren, führen auf ein geheimnis-
volles Apeiron zu, mit dem menschliches Denken wohl überhaupt
beginnt. Aber vor diesen Zeichensystemen weicht es ständig zurück.

Für das Sprache begleitende und einen umfassenden Sinnraum erfüllende Denken, das Denken der Dichter und der in Begriffen Fortdenkenden, ist der Gebrauch dieser abstrakten Zeichen und verabredeten Symbole wie eine Blendung, die das gewohnte Dunkel mehr verdeckt als erhellt.

Gewiß, wir ahnen, daß diese Welt der Mathematik mehr ist als ein bloßes Instrumentarium, mit dessen Zeichenhilfe man Begriffenes fixiert. Aber was ist sie? Und was ist die andere Welt der Sprache, die Heidegger das Haus des Seins genannt hat? Die Naturforscher können es kaum begreifen, warum die so hilfreichen Symbolsprachen manchem anderen gar nichts hilft, ja, oft nur die zusätzliche Aufgabe stellt, die Formelsprache in Wort und Begriff zurückzuübersetzen, bis sie den Schein der Eindeutigkeit verliert.

Wie ist es nun mit der Musik, mit der Sprache der Töne? Und wie ist es mit der Musik der Sprache? Beides kann wie Gesang sein und wird oft auch so genannt. Wo es ›wirklich‹ Gesang ist, da ist es ein Zusammenspiel von Wortwelt und Tonwelt, ein Spiel zwischen zwei Welten. Es ist wohlbekannt, wie sich der Dichter und sein Leser nie ganz in dem wiederfinden und wiederhören, was das vertonte Gedicht geworden ist. Goethe hat die Vertonung minderer Komponisten den Liedwundern Schuberts vorgezogen, und die ›Poesie‹ der Textbücher der großen Opernkunst gehört vollends nicht der Weltliteratur an. Ist, wie die der Mathematik, die Welt der Töne wirklich eine so ganz andere Welt als die durch die Naturlaute der menschlichen Sprache gedeutete Welt?

Im Grunde spüren wir in dem Sonderfall des erwähnten Zusammenspiels von Wort und Ton in der Liedkunst und in der Opernkunst, daß dieses Zusammenspiel verschiedener Welten auf einen geheimen Grund von Gemeinsamkeiten zurückdeutet. Dieser verborgene Grund tritt in manchen Erscheinungen der abendländischen Musik deutlich hervor, so im gregorianischen Choral und seiner Ausdeutung durch die flämische Polyphonie, in dem wortsprachlichen Stil der Musik von Heinrich Schütz. Diese Erscheinungen haben vor allem Georgiades inspiriert, und manchmal scheinen mir auch Hugo-Wolf-Lieder so zu sein, daß ein Liebhaber Mörikescher Gedichte diese gar nicht von dem Duktus Hugo Wolfs lösen kann. Im ganzen scheint sich jedoch im dichterischen Worte etwas gegen die Verschmelzung von Musik mit der Sprachmelodie des Gedichtes zur Wehr zu setzen, auch wenn man sich der nicht minder hohen Kunst des Liederkomponisten und der Autonomie der Tonwelt am Ende willig und dankbar beugt.

Aber was ist das für eine Welt, was für ein alles aufnehmendes Ganzes? Auch wer mit dem Alphabet der Tonkunst nicht recht vertraut ist, spürt doch deren Eigengesetzlichkeit – und er findet sie sehr anders als die der mathematischen Formenspiele, die gewiß ihren eigenen Zauber haben. So frage ich mich: Ist die Sprache der Töne am Ende doch eine wirkliche Sprache, wie die Sprache der Wortkunst? Gewiß wird ein jeder auch beim stillen Lesen von Gedichten in Wahrheit ›hören‹, wenn auch in einer eigentümlich idealisierten, unhörbaren Lautgebung. Nun aber frage ich mich: Ist nicht vielleicht im ›Musikmachen‹ ein ähnliches Hören im Spiel wie bei einem solchen Lesen? Es bleibt ja wahrlich ein unüberbrückbarer Abstand zwischen der Sinn- und Klanggestalt, die man so lesend ›hört‹ und jeder hörbaren Lautgebung, auch wenn es die der eigenen Stimme ist. Es gilt, einen Text sprechen zu lassen, vielleicht sogar vor anderen, den Zuhörern. Einen Text sprechen zu lassen, das zu können, nennen wir Interpretation. Es scheint das gleiche, was der, der Musik macht, tut und was der Leser im verstehenden Lesen tut.

Hier kommt uns der Sprachgebrauch sehr zu Hilfe. Er warnt uns, denen zu folgen, die der Interpretation von Musik oder einer Aufführung eines Theaterstückes einen ›sekundären‹ Sinn zusprechen, einem anderen als die Wissenschaft, die einen Text mit wissenschaftlichem Aufgebot ›interpretiert‹. Ist dieses Bemühen nicht in Wahrheit das Sekundäre, mehr wie das Stimmen der Instrumente, damit alles ›rein‹ herauskommt, und alsdann wie das zusammenfassende Zusammenstimmen zu der Stimmung des Orchesters in einer homogenen Klanggestalt? Hier wie dort ist, was herauskommt, niemals ganz wiederholbar. Ein lesender Hörer eines Gedichtes wird es nie wieder ganz so lesen wie bei einem anderen Mal, auch wenn er es immer ›ganz‹ versteht. Was der begnadete Dirigent vollbringt – und im Prinzip jeder seiner Musiker (oder der Regisseur wie jeder seiner Schauspieler) – sie können uns und den interpretierenden Wissenschaften am Ende nur ein Vorbild sein. Nicht in der Zwischenrede des Interpreten, deren Kommentare dickleibige Bände füllen, sondern im Sprechendwerden des Werkes selbst, das einem vorliegt, stellt sich das eigentliche Ziel des Verstehens dar. Kein Interpret, welcher Art auch immer, sollte je anders dasein wollen und anderes wollen als in diesem Ziel zu verschwinden.

Aber wie macht er es denn, so im Vollzug aufzugehen? Der große Künstler wird es wissen, wie jeder, der wirklich versteht, ob man da nun einen Text versteht oder gar einen Anderen. Nicht zufällig kam mir das Wort ›Vollzug‹ in den Sinn, ein wunderbares Wort, voll von dialektischer Spannung. Aller ›Zug‹ ist ein Verlauf in der Zeit, und aller Verlauf in der Zeit läßt die durchlaufene Zeit hinter sich und läßt die Raumstelle leer, die einer soeben durcheilt hat. Interpretieren, das Verstehen ist, läßt dagegen nichts leer hinter sich und nichts leer vor sich. Wer versteht, weiß zu warten und wartet, bis ›es‹ kommt, wie der gute Schauspieler, der nicht aufsagt und das Leere auffüllt, sondern der warten kann, als ob er das Wort suchte und fände, als ob er ›spräche‹.

Zwar, die Dialektik der vergehenden, der sich verzehrenden Zeit regiert alles. Und doch, wo einer versteht, kommt etwas zum Stehen. Wer versteht, bringt zum Stehen, mitten im vollen Zug, dem Vorbeizug, den wir Leben nennen und der in aller Dauer nicht aufhört eine Zeitgestalt zu haben. Aber was da zum Stehen kommt, ist nicht das berühmte ›nunc stans‹, wie der Augenblick der Inspiration. Eher schon ist es wie ein Verweilen, bei dem nicht ein Jetzt, sondern die Zeit selbst eine Weile stille steht. Wir kennen das. Wer in etwas aufgeht, der vergißt die Zeit.

Manchmal will mir scheinen, daß hier das Rätsel der Musik und seine Auszeichnung vor allen anderen Künsten sich ein wenig lichtet. Nichts zu sein als ein solches Zum-Stehen-Kommen im Vollzug selbst, das ist die Musik, die wir ›machen‹ und die als Musik da ist. Auch in den anderen Künsten wird zwar ›Verstehen‹ die gleiche Zeitgestalt haben und Wahrheit wird auch dort im Vollzug bestehen. Aber es zieht nirgends so wie in der Musik als das reine Ziehen vorbei. Anderswo ist immer etwas darin, das steht, sei es eine eindeutige Bedeutung von Worten oder der Sinn der Rede, den man vernimmt. So ist es in der Dichtung, so auch in der Prosa des Gedankens. Selbst noch in der Folge von Tanzfiguren ist da noch ein Etwas, oder in der gegliederten Folge des Bildes, der Skulptur, des Bauwerkes. Daß nichts steht als das Ziehen selbst, das ist die Wahrheit des Vollzugs, der Musik ist. Wir nennen sie wohl Spiel. Aber, was ist dann Ernst?

Wenn man die europäische Musikkultur als eine Einheit betrachtet, mag man sich fragen, ob eine so allgemeine Aussage ihre spezifische

Eigenart trifft und ob sie nicht die besondere Affinität schuldig bleibt, die Musik zur Mathematik der Zahlen und der Maße besitzt. So hat die europäische Musik ihre reife Gestalt in der Wiener Klassik erreicht. Nun hat aber unser Jahrhundert, wie in anderen Kunstarten, so auch in der Musik, neue Impulse aus anderen Kulturwelten in sich aufgenommen – man denke an die wilden Gewalten des Rhythmus und an die Reizwirkungen, die eine fremdartige, instrumentale und vokale Klangrhetorik ausübt. Auch das freilich steigert das Wachsen und das Sinken aller Lebenspulse und ist selbst auf eine rätselhafte Weise da und reißt uns mit. Wieder sind es Zeitgestalten. Nun muß es aber etwas bedeuten, daß gleichzeitig mit dem Einbruch solcher Musik und fast im Gleichschritt mit der Ausbreitung der europäischen Wissenschaftskultur und der industriellen Technik gerade die abendländische Musikkultur eine wahrhaft planetarische Ausbreitung erfährt. Es wäre ein ganzer neuer Fragenkreis, der sich in dieser Parallelität anzeigt – und auch in der atemberaubenden Geschwindigkeit, mit der sich beides in unserem Jahrhundert vollzieht. Zu der Reifung der abendländischen Musikkultur gehört nicht zuletzt die ›absolute‹ Musik, und vollends mit ihr rücken wir in eine neue Dimension ein, in ein Jenseits der Vielfalt menschlicher Wortsprachen, und doch im Verbund mit ihnen. Da bahnt sich eine planetarische Kommunikation an, die nicht nur wie das stofflose Wehen des Geistes ist, sondern ebenso im leiblichen Tun besteht, im Machen der gleichen und immer neuen Musik. Einem Botschafter solcher Musikkultur der Menschheit seien diese Nachdenklichkeiten gewidmet.